华 章 圖 書

一本打开的书，一扇开启的门，
通向科学殿堂的阶梯，托起一流人才的基石。

BLOCKLY
创意趣味编程

周庆国 崔向平 郅朋◎编著

机械工业出版社
China Machine Press

图书在版编目（CIP）数据

Blockly 创意趣味编程 / 周庆国，崔向平，郅朋编著 . —北京：机械工业出版社，2019.6

ISBN 978-7-111-62900-9

I. B… II. ①周… ②崔… ③郅… III. 程序设计 IV. TP311.1

中国版本图书馆 CIP 数据核字（2019）第 100291 号

　　作为一种可视化编程语言，Google Blockly 支持通过类似玩拼图玩具的方式构建出一个程序。本书配有丰富的案例、图片，对 Blockly 的基础知识、程序结构以及高级应用进行了详细介绍。通过每一章搭配的游戏，帮助读者巩固本章所学知识，更快地掌握 Blockly 编程。此外，每一章的课外拓展资料中提供了关于计算机语言的小故事，可以帮助读者了解计算机语言的发展历史。

　　本书既适合没有编程经验的初学者，也适合有一定的编程基础、想要了解 Blockly 的编程爱好者，可作为大学编程或计算思维相关的通识课教材，或中小学信息技术课程教材。

出版发行：机械工业出版社（北京市西城区百万庄大街 22 号　邮政编码：100037）

责任编辑：赵亮宇　　　　　　　　　　　　　　　责任校对：殷　虹

印　　刷：中国电影出版社印刷厂　　　　　　　　版　　次：2019 年 7 月第 1 版第 1 次印刷

开　　本：186mm×240mm　1/16　　　　　　　　印　　张：10

书　　号：ISBN 978-7-111-62900-9　　　　　　　定　　价：69.00 元

凡购本书，如有缺页、倒页、脱页，由本社发行部调换

客服热线：（010）88378991　88379833　　　　　投稿热线：（010）88379604

购书热线：（010）68326294　　　　　　　　　　读者信箱：hzjsj@hzbook.com

编委会 EDITORIAL COMMITTEE

Blockly is an excellent tool for understanding computational thinking and learning the first programming language. The book gives the beginners an easy entrance to the world of computer science and engineering.

——亚利桑那州立大学物联网及机器人教育实验室主任　陈以农

老师们，同学们，想做自己的应用程序吗？想为自己的硬件开发一个编程平台吗？如果你的答案是肯定的，那么 Blockly 是你的首选。

本书内容深浅兼备，覆盖全面。读者既可以是完全没有编程经验的编程初学者，也可以是有一定的编程基础想要了解 Blockly 的编程爱好者。本书还可供中学信息技术教师向学生介绍编程相关知识，是一份"接地气"的 Blockly 学习资料。

许多公司争相对 Blockly 进行二次开发，衍生出很多成功的编程教育产品，但关于 Blockly 二次开发的相关资料却少之又少，实在令人困惑。本书不仅对 Blockly 的基础知识和程序结构进行了详细介绍，还结合拼图游戏，对 Blockly 的二次开发、高级应用进行了深入浅出的讲解，非常实用。

——北京景山学校　毛澄洁

从飞机窗户往外看，我看到一望无际的黄土山脊连绵不断，飞机很快就要降落兰州机场了。2017 年 5 月下旬的"Google Blockly 讲师讲习班"是国内第一期高端讲师培训。兰州大学周庆国教授、邓文博老师和郅朋团队的伙伴们为来自全国各地的老师准备了丰富的在线教材资源，设计了引人入胜的学习活动环节，特别是用 Blockly 编程的智能小车比赛让参加培训的教师们印象深刻。2018 年 5 月，庆国教授再次组织 Blockly 的讲师培训课程。有了第一期的培训经验，第二期课程内容的针对性更强，更贴合" Blockly is for developers. Blockly apps are for students."的理念。2018 年，庆国教授努力促成了"谷歌全国中小学生计算思维与编程挑战赛"设立 Blockly 编程专项比赛，推动了 Blockly 的进一步普及。经过两年的培训和应用实践，团队成果《 Blockly 创意趣味编程》面世，可喜可贺。我有幸先睹为快。本书丰富的案例、精美的插图、有效的教学设计，全面展示了 Blockly 的编程基础知识和高级应用。通过学习本书的案例并完成练习，读者能更快速地上手 Blockly 编程，锻炼计算思维。书中注意渗透计算机科学文化，关注信息素养的培养。在此，我诚挚向大家推荐本书。

——华南师范大学附属中学　黄秉刚

　　作为编程初学者，Blockly 是很好的选择。它是一款可视化的编程语言，只需要利用鼠标拖曳模块，即可拼搭脚本。Blockly 还能将搭建好的模块转换为 Python、JS 等常用的编程语言，将简单易懂的模块与相对复杂的源代码一句一句对应起来，更加直观，便于初学者理解和学习。Blockly 还支持自定义模块，实现用户指定功能，供随时调用。因此，Blockly 非常适合作为编程启蒙语言，进入课堂教学。

　　本书由兰州大学周庆国教授团队结合多年的 Blockly 教师培训和教学实践经验倾力撰写。内容由浅入深，从 Blockly 的基本使用，到 3 种基本算法结构，适合初学者学习，又提供了综合性较强的游戏案例，有利于进行创意趣味编程，适合有一定编程基础的学习者。

——上海世界外国语中学　王丽丽

　　多年来我一直对 Blockly 充满期待。作为普及编程知识的教师，既要面对编程零基础的低年级学生，又要面对需要进阶的高年级学生；既要考虑教学的严谨性，又要使教学内容不失趣味性和拓展性，因此选择一款有"弹性"的编程工具和相关书籍就显得非常重要。

本书结构清晰，由浅入深地带领读者一步步走进 Blockly 编程世界，体验图形化编程工具以及代码块自定义功能，相信本书将为你开启一段不一样的编程之旅！

——天津市第五中学　杨磊

模块编程模式使得人人都能学会编程，而 Blockly 可谓是打开模块编程的金钥匙，其强大的二次开发功能创造出无数优秀软件，如 Scratch 3.0、App Inventor 等。本书深入浅出地介绍了 Blockly 的各项功能，并以有趣的案例向读者讲解编程知识，不仅适用于学校编程及创客教育，更适用于智能时代社会上各行各业的发展需要。

——晋江市龙湖镇英园小学　陈铭聪

本书生动有趣，案例丰富，步骤详尽，章节的编排由浅入深，以学生最感兴趣的游戏作为切入点，让学生通过生动有趣的案例来学习原本枯燥乏味的计算机编程原理，掌握计算机编程知识，更能培养学生的计算思维和创新思维，是一本通俗易懂、可操作性强的编程入门读物。

——深圳市第三高级中学　陈向群

编程学习有助于培养青少年的逻辑思维能力、抽象思维能力和创造力。经过学习编程，读者会将解决问题的思路、方法和手段通过计算机能够理解的形式告诉计算机，使计算机能够根据人们的指令一步一步去工作，完成某种特定的任务。而这个过程就像艺术创作，人们会享受创造的乐趣。Blockly 正是这样一款基于 Web 的开源可视化程序编辑器，赶快加入 Blockly 创意趣味编程中来吧！

——邢台市二十冶综合学校　岳志鹏

Google Blockly 可以让学生把自己的创意用拼图的方表达出来。本书设计了丰富有趣的案例。同学们从这本书入门学习编程，很容易理解编程的基础知识，并进一步通过案例学习来解决真实问题，从而提升计算思维，提高创新能力。

——北京大学附属中学　刘宝艳

Blockly 是一款非常强大的开源可视化编程工具，包括大名鼎鼎的 Scratch 等编程软件都是在 Blockly 的基础上开发的。Blockly 之所以强大，是因为它很好地将图形化和 Python、JavaScript、PHP 等诸多优秀的代码开发平台结合在一起。本书全面介绍了 Blockly 的应用，是一本难得的学习工具书。通过本书，无论你是学生还是老师，抑或是青少年开发者，都可以从中获益。本书更是家长送给孩子的编程入门书籍首选。

——西安交通大学附属小学　向金

人类社会的进步与发展离不开创新，离不开对未知事物的探索。21世纪，信息技术高速发展，人工智能、大数据、物联网等新名词不断出现，也不断渗透到我们的日常生活中——AlphaGo击败了人类世界的职业围棋选手，金融业、零售业、城市规划部门等也广泛使用大数据并取得了显著的成果。科技发展为人们带来便利的同时，也增加了人们的焦虑与压力，不同于蒸汽时代和电气时代，身处于信息时代的我们必须树立终身学习的理念，加强自己的创新能力，确保自己紧跟时代前进的步伐。

《国家中长期教育改革和发展规划纲要（2010—2020年）》中指出，目前学生适应社会和就业创业能力不强，创新型、实用型、复合型人才紧缺。客观来讲，我国对学生创新能力的培养模式仍处于探索阶段，现阶段的创新能力培养模式多借鉴国外，缺少适合我国的创新能力培养体系。如何应对充满未知因素的明天？如何让学生们适应未来的生存环境？如何为国家储备创新人才？这些都是教育行业从业人员需要考虑的问题。

2012年6月，Google发布了完全可视化的编程语言Blockly。计算机发展至今，已有上千种不同的编程语言，显然，让学生掌握每一种编程语言是不现实的。Blockly的出现，为我们培养青少年的创新思维、编程能力提供了一种新的途径。Blockly代码块由类似于积木的图形对象构成，学生可以像玩拼图玩具一样将它们拼接起来构建出一个完整的程序。

本书介绍了Blockly的基础知识、程序结构和高级应用，内容安排上由浅入深，配有丰富的案例和图示供学生更好地理解。在每一章结束后都有一款Blockly游戏供学生巩固新知，寓教于乐，学生可以在游戏的过程中更好地体验 Blockly 的使用方式。在使用 Blockly 创建程序的过程中，学生不需要考虑复杂的语法规则、编写冗长的代码。学生不仅可以学习到计算机语言相关知识，为迎接未来的挑战做出准备，还可以更好地培养创新能力。使用 Blockly，通过模块拼接即可完成编程，自由度高，学生可以更专注于创意本身，将头脑中的想法轻松转化为现实。

纵观人类发展历史，创新始终是推动一个国家、一个民族向前发展的重要力量，也是推动整个人类社会向前发展的重要力量。创新能力的培养需要从青少年抓起，相信如果每一位教育从业人员都行动起来，一定能探索出适合我们自身情况的创新能力培养模式，我们的国家也一定会成为一个创新强国。

（吴明晖）

国家级教学成果一等奖获得者
国内 App Inventor 教育先行者
浙江大学城市学院教授

以计算机技术为先驱的科技革命深刻地影响着我们的生活生产方式、管理方式以及思维方式，推动着人类社会的蓬勃发展。有人说计算机技术就像人类大脑的延伸，帮助人们进行计算、设计、创造，并解决各种各样的问题。随着智能时代的到来，我们应尽早学习和掌握计算机知识并拥有编程技能。

编程难不难？这恐怕是每一个编程初学者都会问的问题。自从编程语言出现以来，经过几十年的发展，已经有上千种编程语言。如何选择适合自己、能够有效帮助自己解决实际问题的编程语言是一个让人头疼的问题。此外，从头开始学习不同的编程语言也会耗费编程人员许多的精力。

2012 年 6 月，Google 发布了完全可视化的编程语言 Google Blockly。Blockly 代码块由类似于积木的图形对象构成，可以通过类似玩拼图玩具的方式将它们拼接起来，实现简单的功能，然后将一个个简单功能组合起来，最终构建出一个程序。在创建程序的过程中只需要拖动鼠标，不需要敲击键盘。相较于其他编程语言，Blockly 语言无须用户编写冗长的代码、考虑复杂的语法规则，趣味性更强，并且可以根据需要导出不同语言的代码，例如 Python、JavaScript、PHP 等，从而降低了学习成本。

本书旨在帮助你快速入门 Blockly，掌握 Blockly 的使用方法，以便利用 Blockly 编写出所需程序。

本书共分 7 章，每一章都包含详尽的案例，建议你按照目录顺序学习并亲手实现一遍书中的案例，结合每一章后的小游戏巩固所学知识，通过拓展资料更多地了解计算机语言的发展。书中的教学案例主要基于离线版 Blockly Demo 中的代码编辑器（Code Editor）和开发者工具（Blockly Developer Tools）开展。Google 官网的在线版 Blockly 和离线版开发者工具目前只支持英文，在线游戏等支持中文显示。

因时间、水平有限，书中错漏之处在所难免，欢迎读者批评指正。

编　者

目录 CONTENTS

第 5 章　**Blockly 列表**　/ 70

学习目标　/ 70

知识图谱　/ 70

Blockly 概述

学习目标

- 理解 Blockly 的概念、编程方式。
- 掌握在线版和离线版 Blockly 的使用。
- 掌握 Blockly 各个模块的功能。

知识图谱

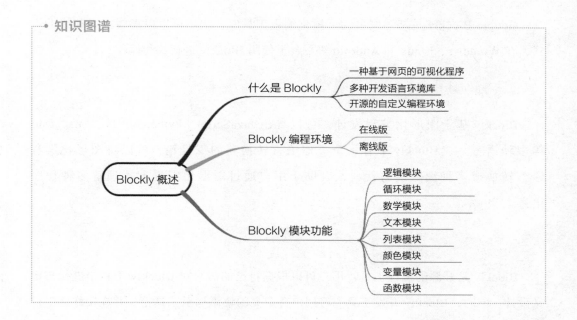

在本章中，我们将学习什么是 Blockly 及其编程方式、在线版与离线版的 Blockly 的使用方式以及各个模块的功能。学习完本章的内容后，我们将对 Blockly 有一个整体的了解。

1.1 什么是 Blockly

Blockly 是一种可视化编程工具，也是众多可视化编辑工具的鼻祖。2012 年 6 月，Google 发布了完全可视化的编程语言 Google Blockly。Blockly 代码块由类似于积木的图形对象构成。使用者通过拖动鼠标，就可以将这些"代码积木"拼接起来，创造出简单的功能，然后将一个个简单功能组合起来，最终构建出一个程序。相较于传统字符型的编程语言，Blockly 语言无须大家考虑命令行模式下复杂的语法规则，学习成本更低，趣味性更强。

1. 一种基于网页的可视化程序

Google Blockly 是基于网页的可视化编程工具库，用户可以以离线或者在线的方式，在 Windows、Linux 和 Android 等平台上使用 Blockly 进行编程操作。

2. 多种开发语言环境库

Blockly 基于图形化编程设计，可以导出 JavaScript、Python、PHP、Lua、Dart 等多种语言。在 Blockly 中有一个类似语言转换器的工具箱，可以将图形化编程语言转换成多种编程语言代码，有助于用户通过图形化编程方式理解多种程序语言。

3. 开源的自定义编程环境

Blockly 是开源的编程工具，用户可以根据自己的需求对 Blockly 工具箱进行自定义设计。同时，Blockly 开发工具能将用户自定义的块添加至工具箱，并在工作区工厂完成对代码的封装，如图 1-1 所示。

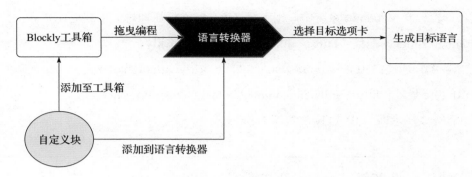

图 1-1　Blockly 使用流程图

1.2　Blockly 编程环境

Blockly 有在线版和离线版两个版本，在浏览器的地址栏输入 https://developers.google.cn/blockly/，访问 Blockly 官网，即可体验 Blockly 在线编程，如图 1-2 所示。

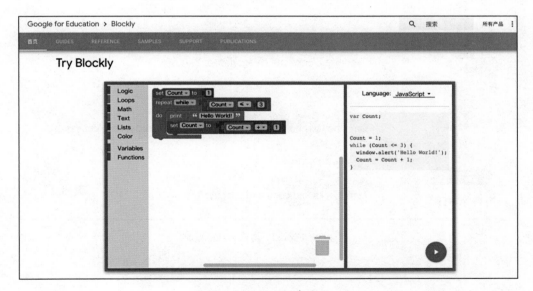

图 1-2　Blockly 在线版

离线版的 Blockly 无须安装，只需要在解压文件后，进入 Demos 并打开 index.html 文件，选择相应的选项即可体验。在 Linux 系统中，可下载 TAR Ball，在终端解压文件即可；在 Windows 系统中，则下载 ZIP File 并解压即可。下载地址如下：

　　Github Blockly 地址：https://github.com/google/blockly。

　　TAR Ball 地址：https://github.com/google/blockly/tarball/master。

　　ZIP File 地址：https://github.com/google/blockly/zipball/master。

　　如图 1-3 所示即为 Blockly 离线版 Demos。

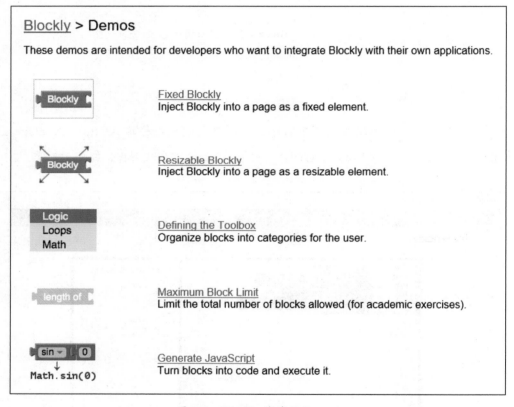

图 1-3　Blockly 离线版 Demos

1.3　Blockly 模块功能

　　Blockly 总共分为 8 个模块，学习了新的函数或者命令后，就可以使用这些模块进行练习。所有的 Blockly 模块都存放在在线编程界面左侧的列表中，如图 1-4 所示。

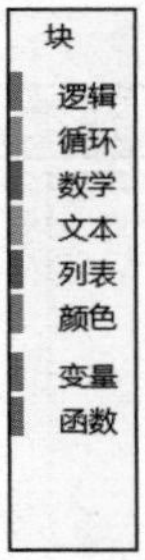

图 1-4 Blockly 模块列表

使用时遵循正确的语法并进行适当的缺口对接就能实现预定功能。因此，通过对模块进行适当的组织就能轻松地实现新的想法和创意，如表 1-1 所示。

表 1-1 Blockly 模块功能

模 块 名 称	模 块 内 容	描　述
"逻辑"模块	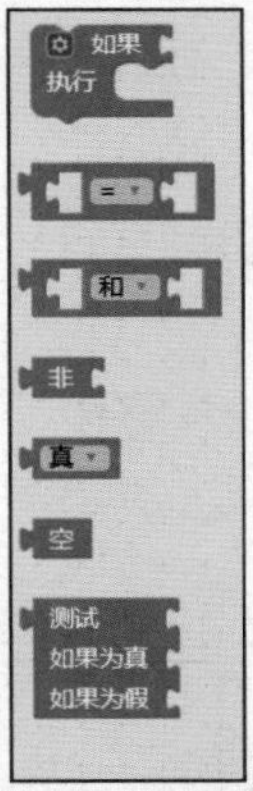	表明数据间的逻辑关系
"循环"模块	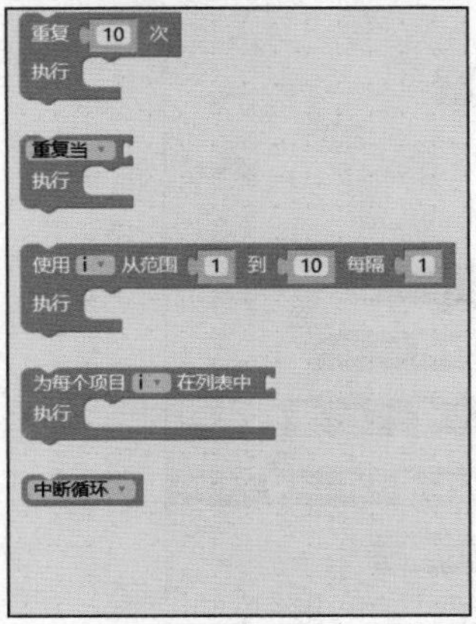	根据设定的条件，重复执行某项任务

（续）

模 块 名 称	模 块 内 容	描　述
"数学"模块		进行数学运算
"文本"模块		文本的输入输出、字符串的相关操作
"列表"模块		创建列表、赋值、列表的相关操作

（续）

模 块 名 称	模 块 内 容	描　述
"颜色"模块		为元素设置颜色
"变量"模块	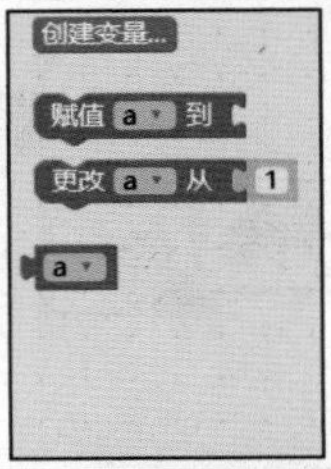	创建变量、为变量赋值
"函数"模块	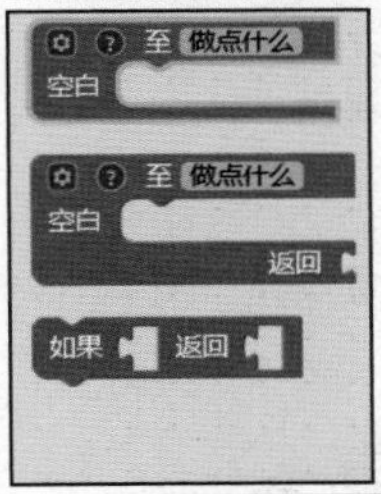	函数相关操作，模块化编程

1.4　小试牛刀——游戏：拼图

学习完上述内容，相信大家对 Blockly 已经有了初步的认识。接下来我们通过一个游戏来进一步掌握这种类似积木拼接的编程模式，游戏地址如下：http://cooc-china.github.io/pages/blockly-games/zh-hans/puzzle.html?lang=zh-hans。

游戏规则：

① 每种动物都有自己的特征。拖动模块将动物与其特征进行匹配，并为每一种动物选择合适的腿数，如图 1-5 所示。

② 单击"检查答案"按钮检查是否正确完成拼图，匹配正确后，游戏结束，顺利通关，如图 1-6 所示。

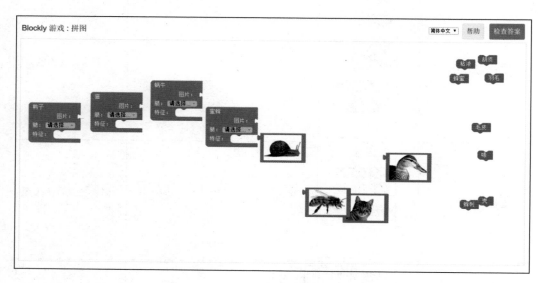

图 1-5 游戏：拼图

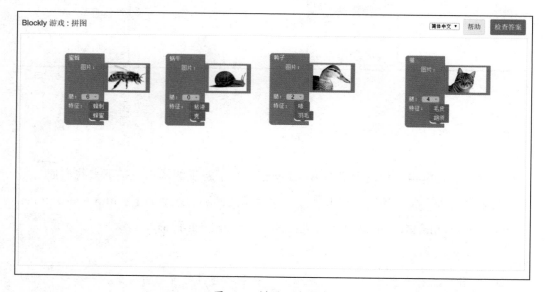

图 1-6 拼图游戏答案

1.5　本章练习

1. 进入 Blockly 官网，熟悉 Blockly，并使用在线版 Blockly 输入"HelloBlockly"。
2. 在本地配置离线版 Blockly，并完成 Plane 游戏的练习。

1.6　课外拓展

计算机语言

计算机语言是指人与计算机之间"交流沟通"的语言，它是人与计算机之间通信的媒介。目前计算机语言的种类非常多，根据其功能和特性可大致分为机器语言、汇编语言、高级语言三大类。众所周知，二进制是计算机语言的基础，而这种计算机能够识别的二进制语言就称为机器语言。如果要和计算机之间进行信息传递，就需要写一长串由 0 和 1 组成的指令序列，告诉计算机下一步该做什么、怎么做，由此可见使用机器语言是十分不便的。为了减轻这种使用上的不便，汇编语言诞生了。汇编语言是用自然语言中的一些简单的单词或符号来替代一些操作的二进制指令序列，如 SUB 代表减法，ADD 代表加法。由于计算机不能识别这些符号，所以在执行汇编语言之前需要先将其编译成计算机能够识别的机器语言。虽然汇编语言在机器语言的基础上做了一些人性化的改进，但是它的每一条指令只能完成一个非常简单的操作，这就导致汇编程序依然非常复杂，不利于学习和开发。于是，在汇编语言的基础上，又诞生了高级语言，也就是我们现在常用的开发语言，如 C、C++、Python、Java 等，与机器语言、汇编语言相比，高级语言更接近于自然语言，大大简化了底层的操作指令，降低了编程者的入门门槛。

TIOBE 是开发语言排行榜，它会根据当前业内程序开发语言的流行程度每月更新一次（如图 1-7 所示）。通过这些指数，不仅可以帮助开发者根据趋势制定合理的学习路线，而且可以帮助企业及时进行招聘、开发等方面战略部署与调整。此外，通过长期的数据对比，该指数还对世界范围内开发语言的走势具有重要参考意义。

Jun 2019	Jun 2018	Change	Programming Language	Ratings	Change
1	1		Java	15.004%	-0.36%
2	2		C	13.300%	-1.64%
3	4	⌃	Python	8.530%	+2.77%
4	3	⌄	C++	7.384%	-0.95%
5	6	⌃	Visual Basic .NET	4.624%	+0.86%
6	5	⌄	C#	4.483%	+0.17%
7	8	⌃	JavaScript	2.716%	+0.22%
8	7	⌄	PHP	2.567%	-0.31%
9	9		SQL	2.224%	-0.12%
10	16	⌃⌃	Assembly language	1.479%	+0.56%
11	15	⌃⌃	Swift	1.419%	+0.27%
12	12		Objective-C	1.391%	+0.21%
13	11	⌄	Ruby	1.388%	+0.13%
14	60	⌃⌃	Groovy	1.300%	+1.11%
15	18	⌃	Go	1.257%	+0.38%
16	14	⌄	Perl	1.173%	+0.03%
17	19	⌃	Delphi/Object Pascal	1.129%	+0.25%
18	17	⌄	MATLAB	1.077%	+0.18%
19	13	⌄⌄	Visual Basic	1.069%	-0.08%
20	20		PL/SQL	0.929%	+0.08%

图 1-7　2019 年 6 月编程语言热度排行

（数据来源：https://www.tiobe.com/tiobe-index/）

Blockly 编程基础与顺序结构

● 学习目标

- 了解数据的含义、表示形式。
- 了解 Blockly 中的数据类型。
- 了解变量的定义，掌握变量的创建和初始化。
- 理解运算符及其优先级。
- 掌握顺序结构。

● 知识图谱

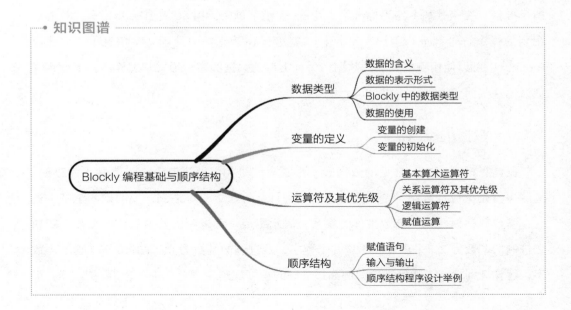

知识图谱内容：

Blockly 编程基础与顺序结构

- 数据类型
  - 数据的含义
  - 数据的表示形式
  - Blockly 中的数据类型
  - 数据的使用
- 变量的定义
  - 变量的创建
  - 变量的初始化
- 运算符及其优先级
  - 基本算术运算符
  - 关系运算符及其优先级
  - 逻辑运算符
  - 赋值运算
- 顺序结构
  - 赋值语句
  - 输入与输出
  - 顺序结构程序设计举例

在本章中，我们将学习 Blockly 编程的基础知识，包括数据的类型、变量的创建以及常用的运算符，如算术运算符、关系运算符、逻辑运算符和赋值运算符。此外，我们还将了解什么是顺序结构，并学习几种顺序执行的语句，如赋值语句、输入与输出语句。顺序结构是最常用的程序结构，对我们今后学习其他编程语言至关重要。

2.1　数据类型

2.1.1　数据的含义

在计算机的世界里，程序的基本任务就是处理数据，无论是数值、文字、图像，还是声音、视频等，都必须转换成数字信息才能在计算机中处理，因为计算机中只能存储数字，甚至连计算机程序都是由数字组成的。如果要处理图像信息，可以把一幅图像看作由 m 行 n 列的点组成的，每一个点具有一种颜色，每一种颜色可以使用 3 个数据（R、G、B）来表示：R 表示红色的比例、G 表示绿色的比例、B 表示蓝色的比例，这样就可以用 $m \times n \times 3$ 个数据表示一幅图像了。如果需要处理文字信息，例如英文，那么需要用数字来表示英文中出现的每个字母或标点符号，正如在 ASCII（美国标准信息交换代码）编码标准中，用 65 表示字母 A，用 66 表示字母 B 等，只要把用到的每个符号都进行编码（数字化），就可以在计算机中处理文字信息了。那么在 Blockly 中可以使用哪些种类的数据？每种类型的数据的表示形式是怎样的？下面将详细讨论这些问题。

2.1.2　数据的表示形式

在计算机系统中，常见的数据表示形式有二进制、八进制、十进制和十六进制。进制也就是进位计数制，是人为定义的一种计数方法，对于进制，要明确两个基本概念：基数和运算规则。基数也称为底数，表示组成一种进制的基本数字的个数，例如二进制的基数为 2，采用 0 和 1 这 2 个数字，八进制的基数为 8，采用 0 ～ 7 这 8 个数字；运算规则规定了如何进位，例如二进制的运算规则为"逢二进一，借一当二"，十进制的运算规则为"逢十进一，借一当十"。

1. 二进制

众所周知，计算机中采用二进制代码表示字母、数字字符以及各种各样的符号、汉字等。在处理信息的过程中，可将若干位的二进制代码组合起来表示各种信息。但由于二进制数不直观，人们在计算机上实际操作时，输入、输出数值时多采用十进制，而具体转换成二进制编码的工作则由计算机软件系统自动完成。字母和各种字符在计算机中的传输普遍采用 ASCII 码，它用 7 位二进制数来表示字母和各种常用字符。对于汉字信息的表示则比较复杂，汉字有几万个，常用的汉字也有 7000 多个，为了统一，我国制定了汉字编码标准，规定了一、二级汉字共 6763 个，用两个字节来表示一个汉字。

2. 十进制

十进制是我们最熟悉的数值表示形式，其书写规则是由正号或负号开头，后接一个自然数，如果是正数，那么正号可以省略。例如，–213、0、415、76、+83 都是合法的十进制表示。在 Blockly 中，如不特殊定义，一般默认数字采用十进制表示。

3. 八进制

一些编程语言中，常常以数字 0 作为开头来表明该数字采用八进制表示。用八进制表示整数的书写规则是：以数字 0 开头，后接一个八进制形式的数，如果是负数，则以负号开头。例如，0123、–087、00、+0327 等都是合法的八进制形式。

4. 十六进制

十六进制的书写规则是以 0x 开头，后接一个十六进制数，例如，0xFF03、0x123、0xAC7 等都是合法的十六进制形式，而 x37、287 都是非法的十六进制形式。

2.1.3　Blockly 中的数据类型

程序中所有数据都有特定类型，数据的表示方式、取值范围以及对数据可以使用的操作都由数据所属的类型决定。类型可以帮助编译程序生成高效的目标代码，编译程序在生成目标代码时，可按需分配存储空间并明确如何引用这个数据。确定一个数据属于某个特定的类型后，可对该数据进行哪些运算也就确定了。例如，对整数可以做四则运算；对字符串则可以进行比较、连接、判断子串等操作，但不能做四则运算。下面一起来了解一下 Blockly 中的数据类型。

1. 数字

Blockly 提供了数字输入模块 ，它可以存储一定长度的数字，默认值为 0。在一些计算公式中也提供了的数字输入模块，如图 2-1 所示。

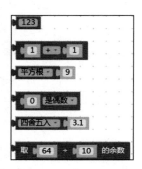

各数据输入模块只区分数字、字符类型，也就是说在允许输入数字的模块中，可以输入任何数字，但不允许输入字符。在程序执行过程中，程序会对输入数字类型的合法性进行检查，如图 2-2 和图 2-3 所示。

图 2-1　数字输入模块

图 2-2　非法输入字母

图 2-3　非法输入标点

2. 字符

Blockly 中的字符输入模块为 ，其中输入的应是字符的 ASCII 编码值。由于字符数据存储的就是一个字符的编码数值，所以也可将字符数据当作一个整数。在 Blockly 中的基本表示形式是用双引号（""）引用，比如 "A""Q""a""b""#""–""。"等。当双引号中是一个数字时，依然表示该数字，例如 "65" 和 65 的意义相同，但是同一个字母的大写和小写对应的 ASCII 码不同，因此为不同的字符，例如 "A""a" 为不同字母。

在 Blockly 的字符输入模块中，允许输入任何形式的字符和数字，只要不超出特定的长度，那么都是合法的，只有在程序执行时才会检查输入是否正确。

3. 字符串

在 Blockly 中字符串的表示和单个字符的表示形式是一样的，输入模块也是 。如图 2-4 所示即为 Blockly 提供的字符串输入模块。

2.1.4　数据的使用

前面讲过，在 Blockly 的数据和字符定义过程中，程序获得了一定的存储空间，Blockly 不计较输入数据或字符的类型和长度，程序员不需要考虑非法输入带来的麻烦，这给程序员带来了极大的便利。例如，程序员可以输入不同类型的数据，如图 2-5 ～图 2-7 所示。

图 2-4　字符串输入模块

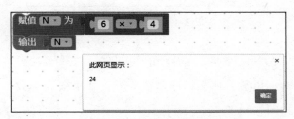

图 2-5　输入整数型数据

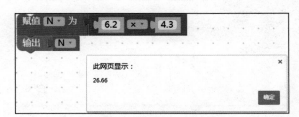

图 2-6　输入浮点型数据

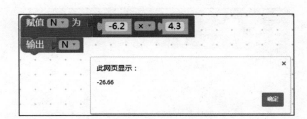

图 2-7　输入负数

但是，在程序运行过程中，如果数据的长度超过程序可表示的范围或数据输入错误，那么运算结果将会出现差错。

图 2-8 中展示了一次乘法运算，输入数据为 1111111111111111200 和 2，正确的输出结果应为 2222222222222222400，但实际的输出结果为 2222222222222222300。这是由于输入数据过长，16 位后的数据将不再进行计算，并且输入数据超过 16 位后，运算结果将出现差错。

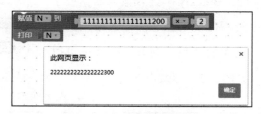

图 2-8　输入过长数据

图 2-9 中使用了循环语句，在该循环语句的重复次数输入模块中，默认输入的数据为正整数；如果输入负数，那么程序默认为 0；如果输入小数，则默认在其整数部分加 1，如图 2-10 和图 2-11 所示。

图 2-9　输入数据全部为正整数

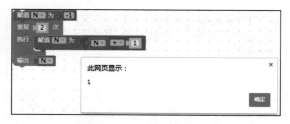

图 2-10　输入数据包含负数

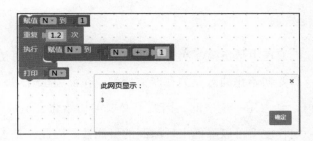

图 2-11　输入数据包含小数

2.2　变量

2.1 节中介绍了数字和字符，当给定一个值后，这个值在程序中将是确定的、不能改变的量，我们称之为常量，而与之对应的就是变量。顾名思义，变量就是在程序中可以根据需要改变的量。

2.2.1　变量的创建

初次打开 Blockly，可以在"变量"模块中创建变量，如图 2-12 所示。

单击"创建变量"按钮后，会弹出定义变量名称的对话框，如图 2-13 所示，变量的命名方式不受限于数字或字符，但是为了使用方便，应尽量选用简单明了的字符，避免与程序中的其他名称重复，并且 Blockly 提供的变量定义不区分类型，只是在内存中分配一定的存储空间。

图 2-12　创建变量

图 2-13　定义变量名称

2.2.2　变量的初始化

初始化在计算机编程中是指第一次为新创建的变量赋值，如何初始化则取决于所用的编程语言以及所要初始化的对象的存储类型等。在汇编语言中，变量的初值即初始化后的变量的值，会占用一定空间，因此不必要的初始化会造成磁盘空间的浪费，但初始化变量在一定程度上可以降低出现漏洞的可能性。因此，是否对变量进行初始化操作需要依情况而定。Blockly 提供的变量初始化模块为 赋值 m 为 ，可以在规定的长度内输入任意数字、汉字、字母或符号。

2.3　运算符及其优先级

运算符是指用来表示在数据上执行某些特定操作的符号，而参与运算的数据称为操作数。根据参与运算的操作数的个数是一个、两个或三个，运算符分为一元运算符、二元运算符和三元运算符。使用运算符把常量、变量和函数等运算成分连接起来，组合成的有意义的式子称作表达式。单个常量、变量和函数也都可以看作一个表达式。表达式经过计算后会得到一个确定的值，这个值就是表达式的值。每个表达式都具有唯一确定的值和唯一确定的类型。

Blockly 中涵盖了日常使用的所有运算符，此处主要介绍常用的几类运算符：算术运算符、关系运算符、逻辑运算符和赋值运算符。

1.算术运算符

算术运算有 6 种运算符，如表 2-1 所示。

表 2-1　算数运算符

运　算　符	描　　述
+	加法——将运算符两侧的值相加
-	减法——左操作数减去右操作数
*	乘法——将运算符两侧的值相乘
/	除法——左操作数除以右操作数
%	取余——左操作数除以右操作数的余数
^	幂运算——底数（底数的个数等于指数）相乘

算术运算表达式的值为其运算结果。如 3+2、5-6、4*8，值分别为 5、-1、32。
算术运算符的表达式格式为"<操作数>运算符<操作数>"。Blockly中给出的算术运算符模块如图 2-14 所示。

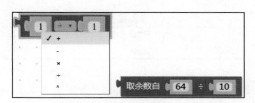

图 2-14 算数运算表达式

2. 关系运算符

关系运算是逻辑运算中比较简单的一种，实际上就是比较运算，将两个值进行比较，从而判断比较的结果是否符合给出的条件，比如关系表达式 a>5，如果 a 为 6，那么表达式成立，结果为真，如果 a 为 -1，那么表达式不成立，结果为假。关系运算符共有 6 种，如表 2-2 所示。

表 2-2 关系运算符

运 算 符	描 述
=	等于——检查两个操作数的值是否相等，如果相等，则条件为真
≠	不等于——检查两个操作数的值是否相等，如果值不相等，则条件为真
<	小于——检查左操作数的值是否小于右操作数的值，如果是，那么条件为真
≤	小于等于——检查左操作数的值是否小于或等于右操作数的值，如果是，那么条件为真
>	大于——检查左操作数的值是否大于右操作数的值，如果是，那么条件为真
≥	大于等于——检查左操作数的值是否大于或等于右操作数的值，如果是，那么条件为真

在这 6 种关系运算符中，>、<、≥、≤的优先级相同，=、≠的优先级相同，且>、<、≥、≤的优先级顺序高于=、≠的优先级。

关系运算表达式的值只有两个：1 和 0，分别表示真和假。例如，4<2、2>1、1=2，其值分别为 0、1、0。关系运算符的表达式格式为"<操作数>运算符<操作数>"。Blockly 中给出的模块如图 2-15 所示。

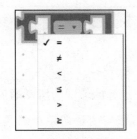

图 2-15 关系运算表达式

3. 逻辑运算符

逻辑运算符有 3 种，如表 2-3 所示。

表 2-3　逻辑运算符

运　算　符	描　　　　述
&&	逻辑与运算符——当且仅当两个操作数都为真，条件才为真
||	逻辑或操作符——如果任意两个操作数任何一个为真，则条件为真
!	逻辑非运算符——用来反转操作数的逻辑状态，如果条件为 true，则逻辑非运算符将得到 false

3 种运算符在 Blockly 中分别表示为与、或、非，其中，"！"的优先级最高，"＆＆"和"‖"优先级相等，且低于非逻辑。

逻辑运算表达式的值只有两个：1 和 0（真或假）。例如 (5<10)‖(5>20)、!(3>2)，其值分别为 1、0。逻辑运算符的表达式格式为"＜操作数＞运算符＜操作数＞"和"运算符＜操作数＞"两种形式。Blockly 中给出的模块如图 2-16 所示。

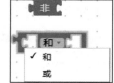

图 2-16　逻辑运算表达式

👆 小提示

如果学完了上文中关于逻辑运算符的介绍，但还是不理解其中的含义，没关系，可以对照表 2-4 来理解 Blockly 中的逻辑运算符。

表 2-4　进一步理解逻辑运算符

a	b	a 和 b	a 或 b	非 a
真	真	真	真	假
真	假	假	真	假
假	真	假	真	真
假	假	假	假	真

---

4. 赋值运算符

赋值运算的值即为所赋的值。例如 a=3、b=6，表示 a 和 b 值分别为 3、6。Blockly 中赋值运算与变量初始化的表达式相同。创建变量后使用变量赋值模块可以对变量进行赋值。例如创建了变量 k，使用图 2-17 所示的变量赋值模块把 10 赋给 k。

赋值 k 到 10

图 2-17　赋值运算表达式

👆 **小提示**

　　如果你以前接触过编程，看到这里你也许会疑惑，为什么判断两个操作数是否相等的表达式与赋值运算的表达式一样？计算机又是如何区分两者的呢？

　　细心的同学可能已经发现了，Blockly 可以把我们搭建好的模块转换成代码，而在代码当中，判断两个操作数是否相等与赋值是有区别的。"＝"表示赋值语句，比如 a＝5，是把 5 赋值给变量 a；而 "＝＝"是逻辑判断，比如 a＝＝5，是表示变量 a 的值是否和 5 相等，如果相等就返回真，否则返回假。Blockly 中把逻辑判断 "＝＝"写成了 "＝"，是为了方便大家去理解，但实际上我们需要知道 "＝"和 "＝＝"是不一样的。

　　Blockly 与其他编程语言不同，不需要过多考虑运算符的优先级问题，因为Blockly 将不同的运算符集成在不同的模块中，在使用时以模块嵌套的形式出现，因此其运算顺序只能是由内到外。

2.4　顺序结构

　　顺序结构是最简单的程序结构，也是最常用的程序结构，只要按照解决问题的顺序写出相应的语句即可，它的执行顺序是自上而下依次执行的，流程图如图 2-18 所示。本章将学习几种顺序执行的语句，在这些语句的执行过程中不会发生流程控制的转移，比如赋值语句、输入输出语句。

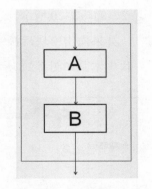

图 2-18　顺序结构流程图

2.4.1　赋值

　　在 Blockly 中，赋值语句由语句块 赋值 i 为 构成，其中 i 指一个变量，也可以用其他字母代替，该语句块后面接的是要赋给 i 的值。同样地，这个赋值表达式也可以包括在其他表达式中，例如，"如果"后面接的是一个条件，其作用是当 i 大于 0 时，将一个值赋给 i，如图 2-19 所示。

图 2-19 嵌套赋值表达式

2.4.2 输入与输出

当计算机用于与外界交互时才是最有趣的，所谓的输入与输出是以计算机主机为主体而言的。输入就是将数据从输入设备（如键盘、磁盘、光盘、扫描仪等）传入计算机；输出就是将数据从计算机发送到外部输出设备（如显示屏、打印机、磁盘等），输入与输出有时并称为 I/O。目前 I/O 的种类有很多，包括人机界面、网络接口、存储设备接口和自动机器接口。那么在 Blockly 中如何进行输入与输出呢？

1. Blockly 的输出模块

Blockly 中的输出模块为 输出 ❝ abc ❞。输出模块后面可以接各种类型的模块从而输出不同的数据。

如果输出模块后接运算表达式，例如 1+1，那么运行后输出的答案就为 1+1 的结果 2，如图 2-20 所示。

如果输出模块后接字符串，例如"Hello World!"，那么最终将会在屏幕上输出这一段文本，如图 2-21 所示。

图 2-20 输出模块后拼接运算表达式   图 2-21 输出模块后拼接字符串

输出模块后也可拼接多个模块的组合，之前我们输出了一段文本，在这一段文本的前面加上另一个模块将会得到另外一种效果，如图 2-22 所示，输出模块后还接了计算字符串长度的模块，最终输出的结果为这段文本的长度。

图 2-22　输出模块后拼接多个模块的组合

👆 **小提示**

使用不同的浏览器打开离线版的 Blockly，部分模块的表述可能会有不同，例如使用 360 浏览器和火狐浏览器打开 Blockly 的离线版，输出模块显示为之前介绍的效果，而使用 IE 浏览器打开，则为 打印 abc 效果。

2. Blockly 的输入模块

在 Blockly 中，输入模块如图 2-23 所示，在输入模块中既可以输入文本，也可以输入数字，通过模块后面的下拉按钮可以进行选择。

图 2-23　输入模块

当运行这个模块时，会弹出一个对话框，如图 2-24 所示，在其中输入需要的数据，单击"确定"按钮后，输入的数据将会进入已设置的变量中，图 2-24 所示为用于输入数据的界面。

图 2-24　输入数据界面

通过上面简单的介绍，大家对输入的理解可能还不够深刻，下面我们举一个具体的例子。

首先，设置一个变量 a，然后将上面的输入语句块连接在设置变量语句块的后面并运行，在出现的对话框中输入所需数据，单击"确定"按钮，数据就会被赋值给 a 了，如果想确认 a 的值是否为我们所输入的数据，可以在这段搭建好的模块下面加上输出数据块，将 a 的数据输出到屏幕上，这样就能确认 a 的值了，如图 2-25 所示。

图 2-25　利用输入模块为变量赋值

2.4.3　顺序结构程序设计举例

现在，我们对顺序结构、赋值语句以及输入输出已经有了初步了解，接下来就让我们一起来学习两个顺序结构的例子来巩固一下学到的基础知识吧。

【例 2-1】 从键盘输入一个大写字母，要求将这个大写字母改用小写字母输出。

【解答】 看到这个题目，首先想到的是什么呢？我们用哪个模块来实现这一功能？在第 1 章介绍的文本模块中就有一个语句块是用来转换大小写的：转为大写 " abc "。

这个语句块使用起来相当简单，只需要将要转换的文本连接在此语句块的后面即可，此语句块同样能根据需求的不同产生 3 种不同的效果，可以根据需要选择。

既然已经找到了解决这个问题所需的核心语句块，那么后面的问题就简单了，不难看出这个题目同时用到了输入和输出，所以只需要设置一个变量用来存放所输入的数据，然后将输入的数据转化成小写并输出即可。所组成的模块及运行结果如图 2-26 所示。

> **练一练**
>
> 从键盘输入一个小写字母，要求改用大写字母输出。

图 2-26 将输入数据转为小写并输出

【例 2-2】 输入一个两位数，如果这两位上的数相乘大于二者相加，则输出"大"。

【解答】 第一次见到这个题目时，你可能会感到有点手足无措，但逐步分析一下就会发现这个题目并不难。在解决此问题前，首先要明确如何得到这个两位数的个位数和十位数。如果大家曾经接触过其他编程语言，就会知道两位数除以 10 得到的商就是十位上的数字，而得到的余数就是个位上的数字，弄清楚这个问题后，这个题目是不是就简单了许多呢？具体数据块如图 2-27 所示。

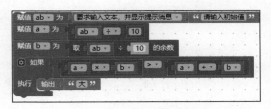

图 2-27 例 2-2 模块拼接

在这个拼接好的模块里，首先将输入的两位数存储到 ab 这个变量中，然后将计算得出的个位数和十位数分别赋值给 b 和 a，再利用前面提到的逻辑模块中的 if 语句块判断大小，最后输出。运行过程与结果如图 2-28 所示。

练一练

输入一个三位数，如果这个三位数百位上的数与十位上的数相加大于十位上的数与个位上的数相加，那么输出"大"，如果小于则输出"小"，如果相等则输出"等于"。

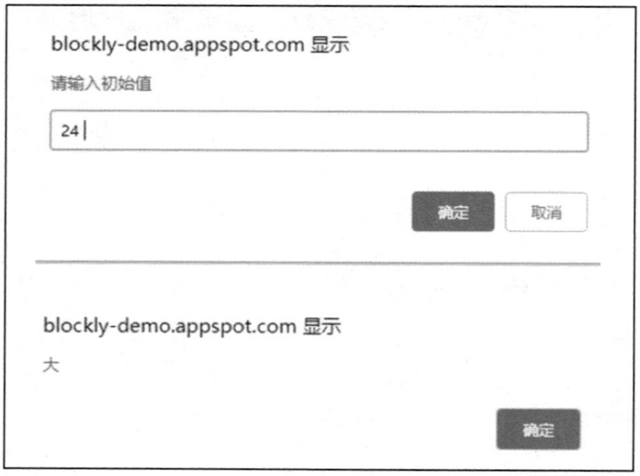

图 2-28   例 2-2 运行结果

通过本节的讲解，相信大家对 Blockly 语言的顺序结构程序设计有了大概的了解，也对输入输出有了清晰的认识，语言的顺序结构在大家今后的语言学习中起着相当重要的作用，希望能引起重视。

2.5   小试牛刀——游戏：电影

下面通过一个游戏来巩固大家对本章知识的掌握。游戏地址如下：http://cooc-china.github.io/pages/blockly-games/zh-hans/movie.html?lang=zh-hans。

游戏规则：

① 游戏开始前，需要观看示例。游戏任务是编写代码，实现与示例相同的视觉效果。

② 单击▶按钮后，执行玩家搭建好的代码块，当达到与示例相同的视觉效果后，游戏结束，顺利通关。

通关详解：

第 1 关：调节参数，画出与示例形状、大小相同的图形，如图 2-29 所示。

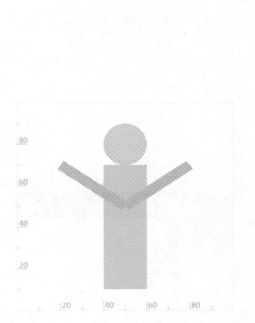

图 2-29　第 1 关示例与答案

　　第 2 关：绘制半径为 10 的圆，圆心的初始位置在 x=0，y=50 处，如图 2-30 所示，使其移动到 x=100，y=50 的位置。

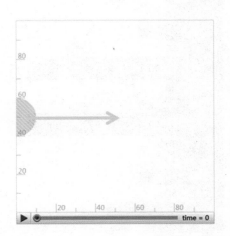

图 2-30　第 2 关示例与答案

第 3 关：尝试与第 2 关相反的移动路径，使圆心从 $x=100$，$y=50$ 的位置移动至 $x=0$，$y=50$ 处，如图 2-31 所示。

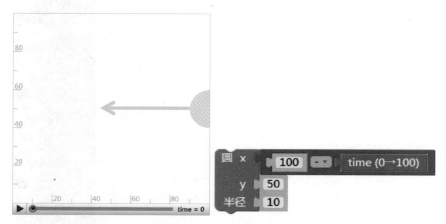

图 2-31　第 3 关示例与答案

第 4 关：按照示例在如图 2-32 所示位置画出 4 个圆，分别按照各自箭头所指的方向移动，最终位置为对面圆的起始位置，例如，右边圆的起始位置是左边圆的最终位置。

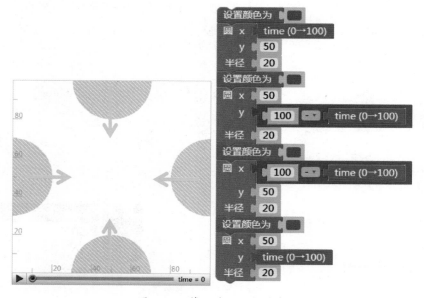

图 2-32　第 4 关示例与答案

第 5 关：按照示例用 3 个圆拼出米老鼠的头部形状，按照箭头所指方向向上移动，如图 2-33 所示。

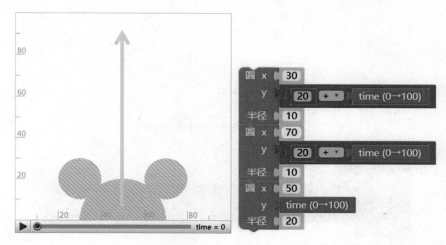

图 2-33　第 5 关示例与答案

第 6 关：在起始时刻一条线与 x 轴重叠，另一条线在界面的对称轴上，仔细观察两条线的运动轨迹，拼接代码块，达到与示例相同的效果，如图 2-34 所示。

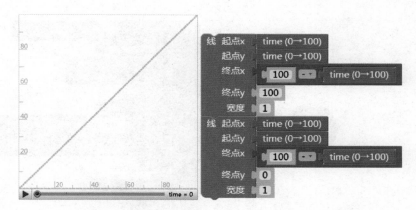

图 2-34　第 6 关示例与答案

第 7 关：观看示例，使圆按照示例中的抛物线轨迹移动，如图 2-35 所示。可以先计算出抛物线方程，这样更容易拼接代码块。

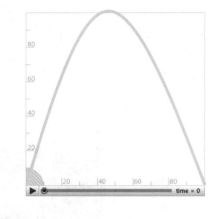

图 2-35　第 7 关示例与答案

第 8 关：使右上角蓝色的圆（初始时界面中显示为扇形）和左下角红色的圆（初始时界面中显示为扇形）按照箭头所指方向移动，完全重合后变成绿色的圆，如图 2-36 所示。

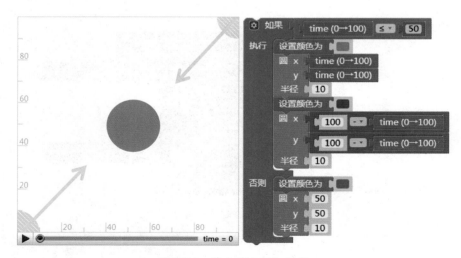

图 2-36　第 8 关示例与答案

第 9 关: 观看示例, 使圆按照图中给出的轨迹移动, 如图 2-37 所示。

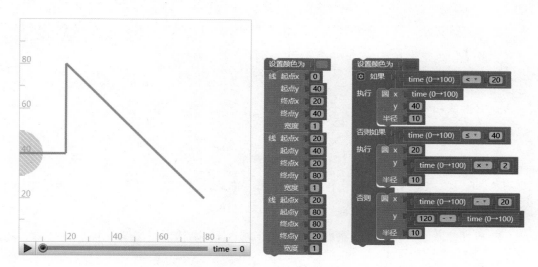

图 2-37　第 9 关示例与答案

第 10 关: 自由发挥, 利用模块画出你想要的图形, 如图 2-38 所示。

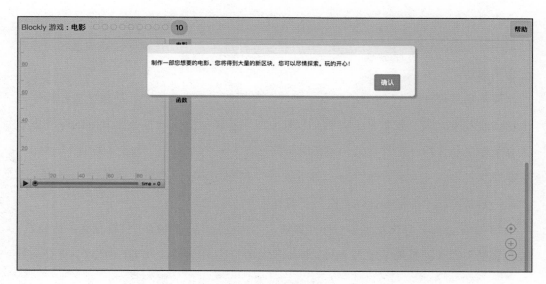

图 2-38　电影游戏第 10 关

2.6　本章练习

1. 对于计算机而言，无论是数字、字母、符号，在计算机中都是以 0、1 的形式存储和计算，但是它们在 Blockly 中有不同的运算规则，为什么？

2. 分别求出 a=3、b=a+3、b>a 这 3 个表达式的值和变量 a 或 b 的值，认真思考表达式的值和变量的值有什么区别？

3. 对两个整数变量的值进行互换。

4. 如果是做单项选择题，请根据给定的选项，输出对应的结果。例如总共有 4 个字符 A、B、C、D。如果给出字符 A，则输出"你选择了 A"；如果给出字符 B，则输出"你选择了 B"；依次类推。

5. 根据输入的值，判断是星期几。例如，输入 1，则输出"星期一"。

2.7　课外拓展

二进制的由来与应用

二进制的提出者是戈特弗里德·威廉·莱布尼茨（Gottfried Wilhelm Leibniz，1646—1716），他的手迹"1 与 0，一切数字的神奇渊源"现在保存在德国著名的郭塔王宫图书馆。

莱布尼茨被誉为 17 世纪的亚里士多德，是历史上少见的通才，在数学史和哲学史上都占有重要地位。在数学上，他不仅独立发现了微积分，而且他所发明的符号更被大众所接受和使用；在哲学上，莱布尼茨的乐观主义广为流传，他被认为是 17 世纪三位最伟大的理性主义哲学家之一。除此之外，莱布尼茨在历史学、语言学、神学、政治学、哲学、政治学诸多方向都留下了著作。

1679 年，莱布尼茨发明了一种计算法，用两位数（即 1 和 0）代替原来的十位数。法国汉学大师若阿基姆·布韦（Joachim Bouvet，汉名白晋，1662—1732）曾经向莱布尼茨介绍了《周易》和八卦，八卦是表示事物自身变化的阴阳系统，用"—"代表阳，用"- -"代表阴，用这两种符号，按照大自然的阴阳变化平行组合，组成 8 种不同形式。有人说莱布尼茨发现二进制是受到了中国文化的影响，也有学者认为莱布尼茨先发现了二进制，后来才看到传教士带回的八卦系统，并发现八卦可以用他的二进制来解释，认为"阴"与"阳"基本上就是他的二进制的中国版。

现在，我们使用的计算机都是采用二进制代码来表示数字、图片、文本、视频等数据，但为什么一定要使用二进制代码来表示数据呢？原因很简单：

1）计算机是由逻辑电路组成，逻辑电路通常只有接通与断开两种状态，这两种状态正好可以用 1 和 0 表示；逻辑代数是逻辑运算的理论依据，二进制只有两个数码，正好与逻辑代数中的"真"和"假"相吻合。

2）二进制运算规则简单，有利于简化计算机内部结构，提高运算速度，而且二进制与十进制等其他进制数之间易于互相转换。

3）用二进制表示数据具有可靠性高、抗干扰能力强的优点。

CHAPTER3

第3章 03

Blockly 选择结构

- 学习目标

  - 理解选择结构的概念。
  - 理解、运用单分支选择结构。
  - 理解、运用双分支选择结构。
  - 理解、运用多分支选择结构。
  - 理解选择结构的嵌套。

- 知识图谱

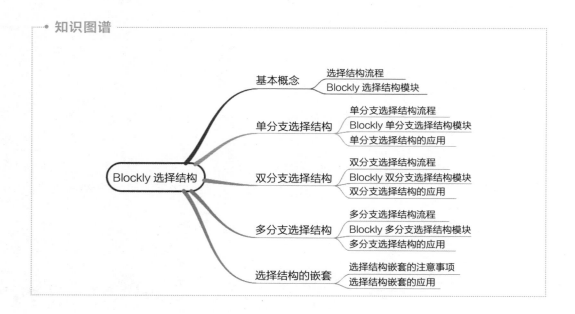

在前面的学习中，我们熟悉了 Blockly 中各种基本模块的功能，并尝试了在顺序结构中进行设计。顺序结构在程序流程图中的体现就是用流程线将程序框自上而下地连接起来，按顺序执行算法步骤。但是，我们会发现当遇到判断变量是否满足某一条件才可以执行下面的步骤时，很难只用顺序结构表达出来，这时就需要运用选择结构来对选择条件进行判断。本章首先带领大家认识选择结构，然后根据选择结构的构成分别介绍单分支选择结构、双分支选择结构以及多分支选择结构，最后介绍选择结构的嵌套。在学习完本章内容后，通过 Blocky Game 中的 Bird 游戏对选择结构的使用进行练习。

3.1　基本概念

例如，我们要判断一个数是否为正数，并输出文字结果。流程图如图 3-1 所示，通过判断输入的数值是否大于 0，输出结果。当 x>0 时，输出"正数"；否则输出结果为"非正数"。这种通过判断是否满足选择条件来决定下一个步骤的过程就是选择结构。在 Blockly 中运用 if 和 else 语句完成选择条件，表达 if 语句的模块如图 3-2 所示。如果满足条件，则执行某一步骤。在 if 的左侧有一个设置按钮，单击后可以添加 else if 和 else 语句到右侧，从而进行多重判断。

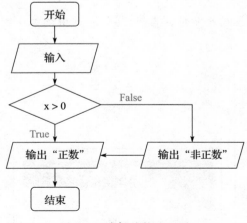

图 3-1　选择结构流程图

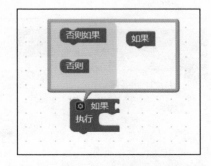

图 3-2　Blockly 中的 if 语句模块

选择结构用于判断给定的条件，根据判断的结果判断某些条件，根据对条件的判断结果控制程序的流程。

3.2　单分支选择结构

单分支选择结构是最简单的选择结构，用 if 语句表示。若满足条件则执行某一步骤，其流程图如图 3-3 所示。在 Blockly 中则使用图 3-4 所示的模块来执行。在"如果"后面输入判断语句，当逻辑判断结果为真时，则执行放在"执行"部分的语句块。

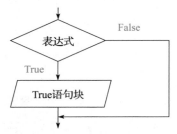

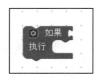

图 3-3　单分支选择结构流程图　　　　图 3-4　Blockly 单分支选择结构模块

【例 3-1】　运用 Blockly 判断加法运算结果是否正确，若正确则提示"正确"，不正确则无反馈。

【解答】　这一过程只需要运用单分支选择结构就可以完成，即只需要运用 if 语句，在 Blockly 中，运用"如果—执行"模块即可。假设要判断 1+1 的运算结果，当在"="后输入的是 2 时，可以弹出显示"正确"的提示框；当把"="后的值改为 0 后，运行程序则无反应，如图 3-5 所示。

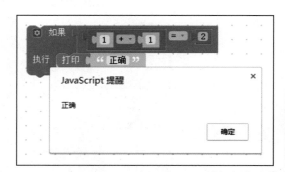

图 3-5　判断加法运算结果是否正确

3.3　双分支选择结构

双分支结构一般用 if else 语句表示，当满足某一条件时，执行 A 步骤；否则执行 B 步骤。其流程图如图 3-6 所示。在 Blockly 中需要在"如果—执行"模块的基础上添加"否则"部分，最终显示如图 3-7 所示。和单分支选择结构一样，在"如果"后面输入判断语句，当逻辑判断结果为真时，执行放在"执行"部分后面的语句块；当逻辑判断结果为假时，执行放在"否则"部分后面的语句块。

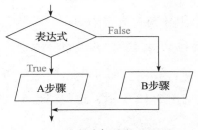

图 3-6　双分支选择结构流程图

图 3-7　Blockly 双分支选择结构模块

【例 3-2】　运用 Blockly 判断加法运算结果是否正确，若正确则提示"正确"，不正确则提示"错误"，使用双分支选择结构。

【解答】　我们只需要在单分支选择结构示例的基础上，为逻辑判断错误的情况添加"否则"模块，后面加上输出"错误"即可。同样以判断 1+1 的运算结果为例，当我们输入的是 2 时，可以弹出显示"正确"的提示框；当把"="后的值改为 0 后，则弹出显示"错误"的提示框，如图 3-8 所示。

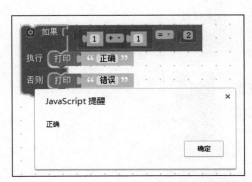

图 3-8　例 3-2 双分支选择结构版

> ☝ **练一练**
>
> 　　输入一个变量，判断该变量是否可以被 3 整除，并输出结果"可被 3 整除"
> 或"不可被 3 整除"。

3.4　多分支选择结构

　　多分支选择结构由 if 和 else if 语句构成，其中可以有多个 else if 结构，其流程图如图 3-9 所示。在 Blockly 中使用多分支选择结构时，需要在单分支选择结构中添加"否则如果"模块，该模块可以不限数量。在"否则如果"模块后面可以添加"否则"模块，也可以不添加，最终形式如图 3-10 所示，这些都是多分支选择结构。

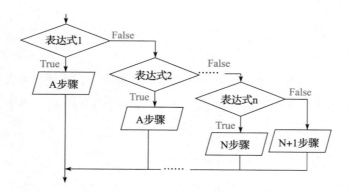

图 3-9　多分支选择结构流程图

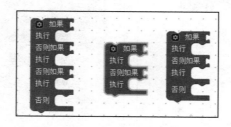

图 3-10　Blockly 多分支选择结构模块

👆 **小提示**

多分支选择结构中可以有多个选择判断部分，但是除第一个选择判断部分外，其他部分都是在上一个判断的 False 分支上。

【**例 3-3**】 班里面需要做一个成绩统计，成绩在 90 分以上输出 A，在 80 ～ 90 分之间输出 B，80 分以下输出 C。

【**解答**】 这里需要将分数做 3 个分段，一个分段是大于 90 分的，输出 A；剩余的分数中，大于 80 分的输出 B；否则输出 C。根据判断条件，最终在 Blockly 中制作出语句模块，如图 3-11 所示。

图 3-11　成绩统计

🌀 **练一练**

统计班级的分数段，一共有"90 ～ 100""80 ～ 90""70 ～ 80""60 ～ 70"和"60 以下"5 个分数段。要求输入成绩，显示出属于哪个分数段。

3.5　选择结构的嵌套

选择结构的嵌套实际上就是在选择结构中再放置一个或多个选择结构，实现选择结构的嵌套。在 Blockly 中实现选择结构的嵌套，需要将多个"如果—执行"模块套用。可以将嵌套的"如果—执行"模块放置在"执行"模块的后面，如图 3-12a 所示；也可以放置在"否则"模块的后面，如图 3-12b 所示。但是将一个新的"如果—执行"模块放置在"否则"模块后面时，这种形式等同于在"如果—执行"模块的基础上添加"否则如果"部分。比如图 3-12b 中搭建的模块的意义与图 3-12c 中的模块相同，也就是当选择结构嵌套部分放在"否则"模块中时，可以简化为多分支结构。

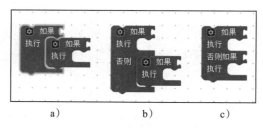

a)　　　　　　b)　　　　　　c)

图 3-12　选择结构的嵌套

👆 **小提示**

选择结构的嵌套没有固定的模式，也没有规定嵌套部分需要放置在哪一部分，只要选择结构内有一个或多个选择结构，就是实现了选择结构的嵌套。

【例 3-4】 我们知道在平年中 2 月有 28 天，闰年中 2 月有 29 天，那么怎样利用 Blockly 编写一个判断年份是否为闰年的程序呢？

【解答】 要判断某个年份是否为闰年，首先需要判断该年份是否可以被 4 整除，如果不可以被 4 整除，那么这个年份肯定不是闰年。在可以被 4 整除后，还需要进一步判断这个年份的后两位是否为 0，即是否可以被 100 整除。如果不可以被 100 整除，则这个年份一定为闰年；如果可以被 100 整除，还需要判断这一年份是否可以被 400 整除。如果可以被 400 整除，那么这个年份是闰年；如果不可以被 400 整除，则是平年。整个判断过程如图 3-13 所示，在 Blockly 中实现这一判断过程，需要将 3 个选择结构进行嵌套来完成。最终选择结构的嵌套部分在 Blockly 中的实现形式如图 3-14 所示。

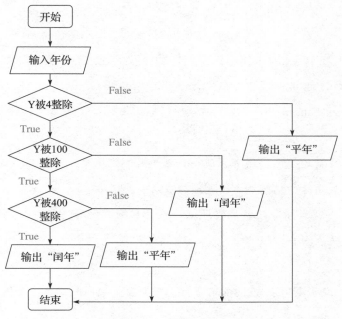

图 3-13　判断闰年程序流程图

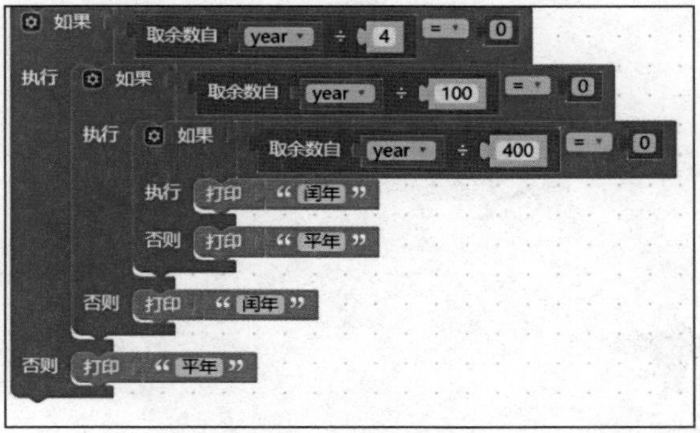

图 3-14　判断闰年程序选择结构的嵌套部分

练一练

　　创建 3 个变量，在 Blockly 中使用选择结构的嵌套形式，比较 3 个变量的大小，并将这 3 个数由大到小排列。

3.6　小试牛刀——游戏：鸟

学习完如何在 Blockly 中使用选择结构后，我们通过一个游戏来熟练掌握这种程序结构，游戏的地址如下：http://cooc-china.github.io/pages/blockly-games/zh-hans/bird.html?lang=zh-hans。

游戏规则：

① 我们需要通过控制代码来让鸟捉完虫子后回到鸟巢，并保证不会撞到墙。

② 代码主要由选择结构和逻辑判断组成。

③ 单击"运行程序"按钮后程序就会执行右侧的代码。回到鸟巢后，游戏结束，顺利通关。

通关详解：

第 1 关：让鸟沿着 45° 方向向前飞行，捉完虫子后回到鸟巢，如图 3-15 所示。

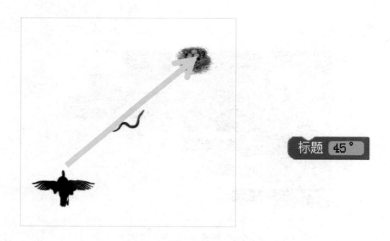

图 3-15　第 1 关示例与答案

第 2 关：让鸟在捉到虫子前沿 0° 向前飞行，捉到虫子后沿 90° 飞行，回到鸟巢，如图 3-16 所示。

第 3 关：让鸟在捉到虫子之前沿右下方飞行，捉到虫子之后再沿右上方飞行，如图 3-17 所示。

图 3-16　第 2 关示例与答案

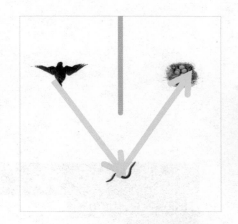

图 3-17　第 3 关示例与答案

第 4 关：让鸟在飞行横坐标小于 80 时，向右飞行；横坐标不小于 80 时，向下飞行到达鸟巢，如图 3-18 所示。

第 5 关：让鸟在飞行纵坐标大 20 时，向下飞行；纵坐标不大于 20 时，向左飞行到达鸟巢，如图 3-19 所示。

第 6 关：当鸟捉到虫子前沿右斜下方飞行，捉到虫子后判断鸟所处位置的纵坐标

是否小于 80，当小于 80 时，向上方飞行；当不小于 80 时，向左方飞行，如图 3-20
所示。

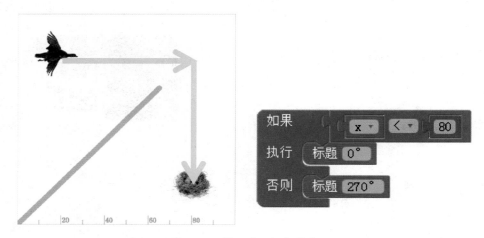

图 3-18　第 4 关示例与答案

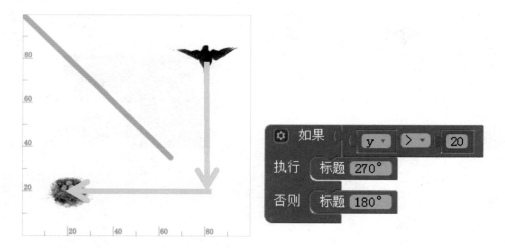

图 3-19　第 5 关示例与答案

第 7 关：先让鸟沿左下方飞行，越过下面的阻拦物至纵坐标 40 处，然后令其在横
坐标不超过 80 时，沿右斜下方飞行，捉到虫子；随后在纵坐标不超过 20 时，沿左方
飞行回到鸟巢，如图 3-21 所示。

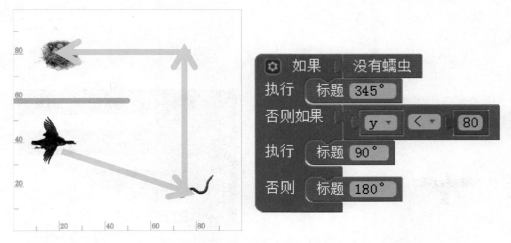

图 3-20　第 6 关示例与答案

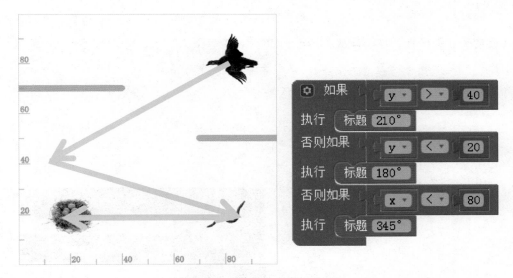

图 3-21　第 7 关示例与答案

第 8 关：当同时满足鸟没有捉到虫子和飞行横坐标小于 50 时，沿右上方飞行；然后设定没有捉到虫子和飞行横坐标大于 49 时，沿右下方飞行，令鸟捉到虫子。捉到虫子后判断鸟所处位置的纵坐标是否小于 50，当小于 50 时，令鸟沿着左上方飞行至界面中点；随后改为沿右上方飞行，回到鸟巢，如图 3-22 所示。

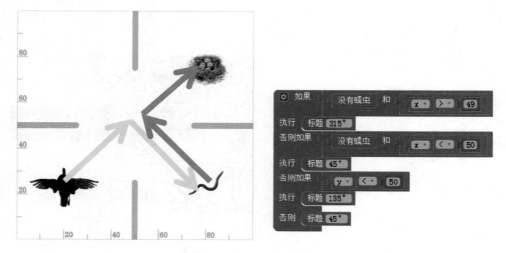

图 3-22　第 8 关示例与答案

第 9 关：当同时满足鸟没有捉到虫子和飞行横坐标大于 50 时，沿正左方飞行；然后设定没有捉到虫子和飞行纵坐标大于 20 时，沿正下方飞行，令鸟捉到虫子。捉到虫子后判断鸟的横坐标是否大于 40，当小于 40 时，令鸟沿着右斜上方飞行，随后改为沿右斜下方飞行，回到鸟巢，如图 3-23 所示。

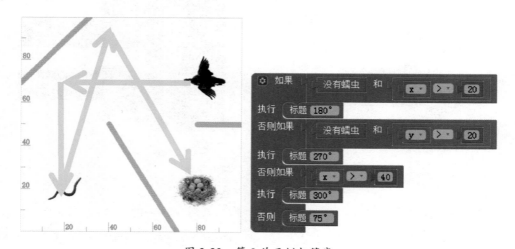

图 3-23　第 9 关示例与答案

第 10 关：当没有捉到虫子时，若鸟的飞行横坐标小于 40，则沿右斜上方飞行；

若大于 40，沿右斜下方飞行。捉到虫子后，当鸟的横坐标大于 40 时，沿左斜上方飞行，小于 40 时，沿左斜下方飞行，回到鸟巢，如图 3-24 所示。

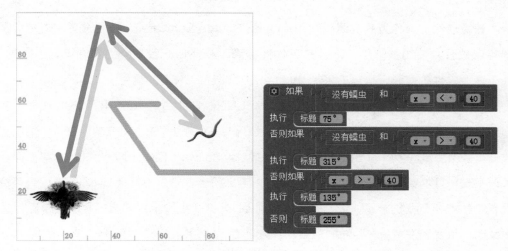

图 3-24　第 10 关示例与答案

3.7　本章练习

1. 给出一个不多于 5 位的正整数，请在 Blocky 中实现以下要求：

1）求出它是几位数；

2）分别打印出每一位数字；

3）按照逆序打印出各位数字，例如原数为 321，应输出 123。

2. 函数 $y = f(x)$ 表示如下，编程实现输入一个 x 值，输出 y 值。请在 Blockly 中实现这一函数。

$$y = \begin{cases} 2x + 1 & (x > 0) \\ 0 & (x = 0) \\ 2x - 1 & (x < 0) \end{cases}$$

3. 自己上网查资料，搜集有关气象风级表的信息，比如 0 级表示无风，12 级表示飓风等，试在 Blockly 中编写程序，输入一个风级，输出相应的概况，如名称、速度等。

3.8　课外拓展

开源软件的由来

　　开源软件，全称为开放源码软件（Open Source Software），顾名思义，它是指源码可以被公众使用的软件，而且开源软件的修改和使用一般不会受到许可证的限制。关于开源软件的起源，可以追溯到 20 世纪 60 年代的 UNIX 的诞生。

　　1969 年，贝尔实验室的工程师开始开发 UNIX。在此后的 10 年里，UNIX 在学术及商业机构中得到了广泛的应用。许多机构在使用 UNIX 的过程中，对其功能进行了扩展和改进，并衍生出许多新的产品，如 BSD（Berkeley Software Distribution）、Linux 等。但是好景不长，贝尔实验室逐渐意识到了 UNIX 的商业价值，于是不再将 UNIX 的源代码免费授权给学术和商业机构了，甚至开始对之前 UNIX 的衍生版本声明版权权利，也因为这一举动，引发了许多版权纠纷。从某种程度上看，UNIX 在开源方面起了很小的作用。

　　1984 年，理查德·斯托曼发起了 GNU 项目，与此同时，自由软件的概念也已诞生，GNU 项目的贡献者旨在开发一个让每个人可以自由、免费使用的软件。后面为了协助 GNU 计划的开展，理查德·斯托曼推动并建立了自由软件基金会。1991 年，Linux 内核诞生，并且伴随着 Linux 热度逐步升高，它也成了 GNU 计划的最终产物。也正是基于这些原因，时至今日，只要一提到开源，大家首先想到的就是 Linux。

　　其实开源软件不仅有 Linux，还有很多比较知名的，比如集成开发环境 Eclipse、Linux 下的文本编辑器 VIM、Android 操作系统、Python 编程语言，Apache 网页服务器，Arduino 单片机等。其实还有一个在开源发展历史中具有里程碑意义的软件——Github，由于它所提供的软件源代码托管服务，使得更多的开发者参与到开源项目中来，任何人都可以将自己的项目托管到 Github 上，他人能非常方便地查找到感兴趣的项目及源代码，而且可以与项目所有者以协作的方式开发。

　　"开源软件"既代表一种哲学思想，也代表一种软件发展模式。在像 Linux 这样的开源项目中，软件是免费共享的，其"源代码"（经验丰富的程序员能够阅读并理解的编码指令）是公开发布的，以便其他程序员学习、分享和修改，众人拾柴火焰高，开源会越来越流行，越来越强大。

Blockly 循环结构

学习目标

- 理解循环结构的概念。
- 理解、运用次数重复循环结构。
- 理解、运用条件重复循环结构。
- 理解、运用步长循环结构。
- 理解、运用列表循环结构。
- 理解、运用循环的中断与继续。
- 理解循环结构的嵌套。

知识图谱

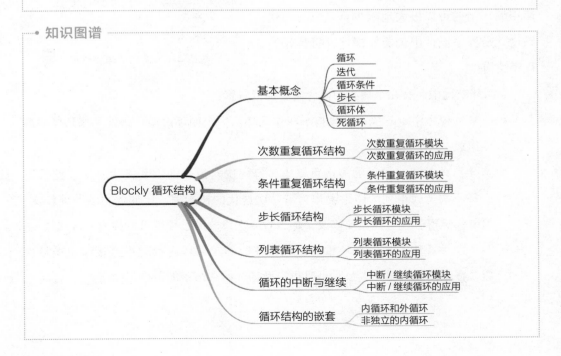

结构化程序设计由 3 种基本结构组成，分别是顺序结构、选择结构和循环结构。在前几章中已经对顺序结构、选择结构进行了讲解，本章讲解第 3 种基本结构——循环结构。在本章的内容编排上，首先对循环结构中应当掌握的概念进行阐述，接下来依次讲解 4 种基本形式的循环和常用控制语句，然后介绍循环结构的进阶使用，最后附有本章相关的游戏和习题。在学习完本章内容后，应当能够独立分析出给定问题中一个循环的起始终止条件和重复执行次数，并能选用适当的循环语句进行实现。

4.1　基本概念

循环结构是指在程序中按照某种规律重复执行某一个功能的代码而设置的一种程序结构。它通常需要根据条件重复执行一段代码，直到满足某一结束条件才停止，循环条件控制是否进入一次新的循环，循环体为进入循环后进行的运算操作，如图 4-1 所示。使用循环结构可以极大地减少重复书写的代码量，是程序设计中最能发挥计算机特长的程序结构。

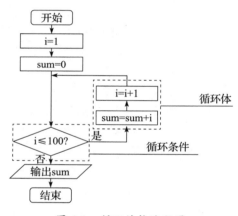

图 4-1　循环结构流程图

在循环结构中，有几个核心的概念需要加以解释：

- 循环：程序中重复执行一段指令叫作循环。一个循环由循环条件和循环体两部分组成。

- 迭代：在对某一过程的多次重复中，每一次对过程的重复称为一次"迭代"，而每一次迭代得到的结果会作为下一次迭代的初始值。比如你写了一篇作文，但是你觉得有些地方需要修改，那么每一次修改的过程就可以称为一次迭代。

- 循环条件：用于控制循环重复次数，在能确定循环次数时可直接指定循环次数，在不能确定循环次数时可以指定循环开始和结束的条件。

- **步长**：上一次循环和本次循环中循环条件的变化差值。
- **循环体**：循环执行时被不断重复执行的代码段被称为循环体。
- **死循环**：当指定的循环结束条件有误，循环的次数为无限次时，循环会被无休止地重复执行，我们称一个无休止运行的程序为死循环。死循环会使程序无法正常运行，在编写程序时，要尽量避免死循环的出现。

4.2 次数重复循环结构

在一个循环结构中，当能够确定循环的次数时，可以使用次数重复模块实现计数循环，如图 4-2 所示。在模块中直接修改次数即可规定重复执行的次数。

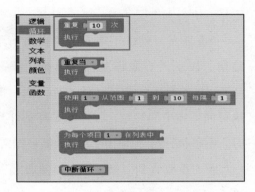

图 4-2 次数重复模块

【**例 4-1**】 循环 3 次输出 "Hello World"。

【**解答**】 只要设置好输出内容 "Hello World"，并在次数重复模块的数字块中输入 3 即可，如图 4-3 所示。

图 4-3 输出 3 次 "Hello World"

4.3 条件重复循环结构

当循环的次数为未知时，可以使用条件重复模块实现程序的循环，如图 4-4 所示。条件重复模块中包含了两种不同类型的循环模式："重复当"和"重复直到"，如图 4-5 所示。

　　条件重复模块需要与逻辑语句组合使用，可以看作"选择 + 循环"的样式。在条件重复模块运行时，首先需要使用逻辑语句对循环条件进行判断，然后根据判断结果确定是否执行本次循环。

　　"重复当"模块用来实现"当型"循环结构，表示"当循环条件为真时，执行循环"。只要程序的循环条件为真，就会重复执行循环体中的语句；程序的循环条件为假时，不再执行循环体中的语句，循环结束。

　　而"重复直到"模块则与"重复当"模块恰好相反，表示"直到循环条件为真时，循环才停止"，即在程序的循环条件为假时，重复执行循环体中的语句；程序的循环条件为真时，停止执行循环体中的语句，循环结束。

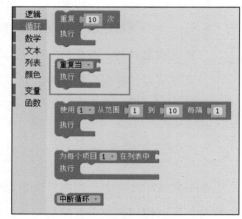

图 4-4　条件重复模块

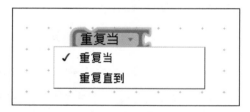

图 4-5　条件重复循环的两种模式

👆 **小提示**

　　对初学者来说，由于一个逻辑错误，写错了循环条件，导致相应代码段重复运行无数次，这是很常见的情况。所以，在确定循环条件时，需要注意描述清楚以下几个方面：

- 一个清晰的起始条件，作为循环的初始值。
- 一个循环判断条件，其逻辑判断结果用来指示程序是否应该继续执行循环体。
- 一个循环条件中数值的变化差值，最终使得循环条件能够达到让循环结束的值，不至于陷入死循环。

【例 4-2】　求从 1 一直加到 100 的和 $\sum_{n=1}^{100} n$。

【解答】　使用计算机语言来解决这个问题，只需要使用最容易理解的方法：从 1 开始逐个相加，一直循环加到 100。

使用"重复当"模块时，即"当循环条件为真时，执行循环"，如图 4-6 所示。

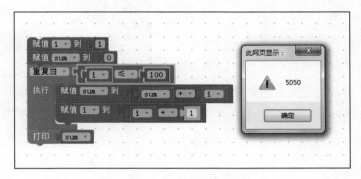

图 4-6　累加 1 ～ 100 程序方法 1

使用"重复直到"模块时，即"直到循环条件为真时，循环才停止"，如图 4-7 所示。

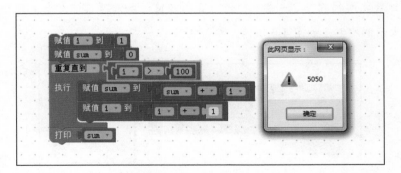

图 4-7　累加 1 ～ 100 程序方法 2

🌀 练一练

使用条件重复模块的两种结构编写程序，求 100 ～ 1000 相加的和。

4.4 步长循环结构

步长循环模块是由前两种模式改进而来。在4.1节中已经提及，步长是指上一次循环和本次循环中循环条件的变化差值，所以在步长循环模块中，最主要的特点是可以自由调节步长，创造出多样的循环条件来解决更为复杂的问题。

步长循环模块使用最为灵活，不仅可以用于循环次数已知的情况，而且可以用于循环次数未知的情况。它完全可以替代前两种重复模块，并能够在它们的基础上自由调整循环条件的步长。如图4-8所示，方框中即为步长循环模块

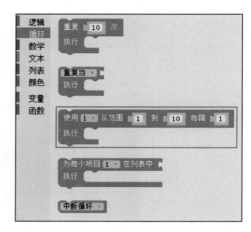

图4-8 步长循环模块

【例4-3】 求正整数 1 ~ 99 中所有奇数之和。

【解答】 奇数是指不能被 2 整除的数，从 1 开始，每相隔 2 就会出现一个奇数，所有相邻奇数之间都相差 2，这个相差为 2 的差值，就是所谓的步长。使用步长循环模块求解本示例的方法如图4-9所示。

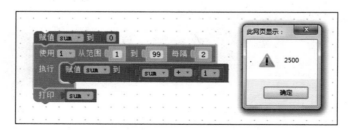

图4-9 求正整数 1 ~ 99 中所有奇数之和

 练一练

使用步长循环模块编写程序，求 2 ~ 100 中所有偶数的乘积。

4.5　列表循环结构

列表是相同数据类型的元素按一定顺序排列的集合。列表循环模块是对列表中每一个元素进行循环迭代的模块。这种对列表中每一个元素依次进行循环执行的过程叫作对列表元素的遍历。使用列表循环模块进行的循环在达到列表的最后一个值后将自动结束。所以使用列表循环模块是不太可能出现死循环的，除非为循环使用一个含有无限元素的列表。如图 4-10 所示，方框标注的模块即为列表循环模块。

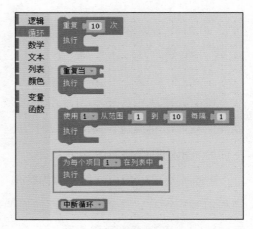

图 4-10　列表循环模块

虽然使用条件重复循环模块、步长循环模块也能实现循环输出每一个元素，但使用这些方法时需要知道列表的长度，并且无法像列表循环模块这样直接使用变量定义好列表中的元素。

【例 4-4】　求一个列表中的最大元素，我们可以用列表循环模块来实现，如图 4-11 所示。

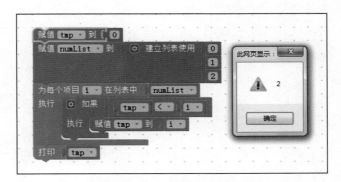

图 4-11　求一个列表中的最大元素

在这里我们定义了一个变量 tmp 来保存最大的值，将 tmp 初始化为 0 以保证 tmp

在开始时为最小，之后用列表循环模块循环取出列表中的元素并不断地与 tmp 比较，一旦当前值大于 tmp，则修改 tmp 为这个值。最终在 tmp 中的值将是最大的值。

4.6　循环的中断与继续

　　在循环模块中，还有两种用于控制循环的特殊语句模块，如图 4-12 中方框标注处所示，其选项如图 4-13 所示。

　　中断模块可以用来从循环体内跳出，即提前结束循环，接着执行循环后面的其他语句。中断模块适用于我们不知道循环次数，在程序执行过程中满足一定条件需要提前结束循环的情况。

　　继续模块为结束本次循环，即跳过循环体中尚未执行的语句，接着进行下一次循环条件中是否执行循环的判定。

　　继续模块与中断模块的区别是：中断模块结束整个循环过程，不再判断执行循环的条件是否成立。继续模块则只

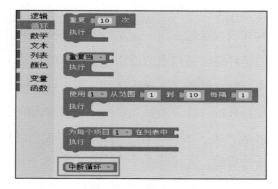

图 4-12　中断 / 继续模块

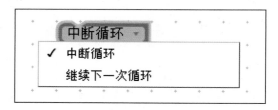

图 4-13　中断 / 继续模块选项

结束本次循环，接着进行下一次循环条件中是否执行循环的判定。继续模块并不终止整个循环的执行。

　　【例 4-5】 找出 100 ～ 200 内第一个能被 3 整除的数，把它打印出来。

　　【解答】 在此示例中，我们只需要找到 100 ～ 200 中第一个能被 3 整除的数，而不需要找出所有能被 3 整除的数，所以在找到第一个能被 3 整除的数以后，后面的计算已经没有必要了，循环在这里就可以停止了。此时，我们需要在找到第一个数之后使用中断循环模块。

如图 4-14 所示，在这个程序中，我们算出了 100 ～ 200 中第一个能被 3 整除的数后，因为使用了中断循环模块，整个循环过程结束了，不会再进行后续的循环。

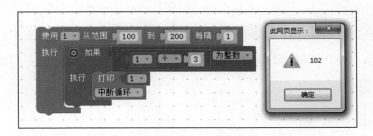

图 4-14　打印 100 ～ 200 内第一个能被 3 整除的数

但如果我们将题目改为找出 100 ～ 200 内所有能被 3 整除的数，并把它们打印出来，那么就需要在找到能被 3 整除的数时把它打印出来，而遇到不能被 3 整除的数时，使用继续模块跳过数字的打印直接进入下一轮循环，如图 4-15 所示。

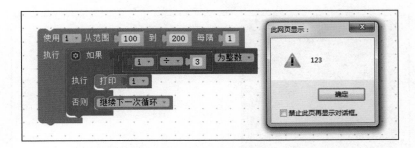

图 4-15　打印 100 ～ 200 内所有能被 3 整除的数

4.7　循环结构的嵌套

和选择结构一样，循环结构中，一个循环体内又包含另一个完整的循环结构，称为循环的嵌套。内嵌的循环中还可以再嵌套循环，这就形成了多层循环。各种语言中关于循环的嵌套的概念都是一样的。4 种循环（次数重复、条件重复、步长、列表循环）可以互相嵌套，当循环嵌套在循环中，程序就变得复杂了。

4.7.1　内循环和外循环

当使用嵌套循环时，内外循环的工作原理类似于钟表的运行：一个时钟的秒针就像嵌套内层的内循环，同时分针就像对应的外循环。秒针每转动转一圈，分针才转动一格。

同理，嵌套中的外循环遵循先开始后结束的运行顺序，内循环则是比外循环后开始先结束的。内循环快速运行，外循环的循环速度则慢许多。每进行一次外循环，都会完成一个完整的内循环。

4.7.2　非独立的内循环

有时内循环是非独立的，即其工作方式取决于外部循环运行到哪一步。

【例4-6】　创建一个程序打印一年中所有的日期。

【解答】　可以使用嵌套循环打印每个月的日期，但内部循环的次数取决于外部循环，这是因为每个月有不同的天数。

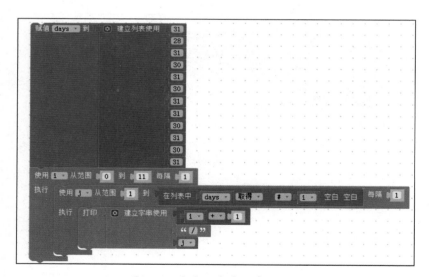

图4-16　打印一年中所有的日期

在这里，内循环重复不同的次数，这取决于月份，因为它的结束条件是j<days[i]。对于月份，我们先创建了用于存放每个月份天数的数组，然后基于这个数组创建了一

个内循环，不过非独立内循环的规则一般比较复杂。由于内循环和外循环的关系，使用嵌套循环可以设计出更具有挑战性的程序。

4.8　小试牛刀——游戏 1：迷宫

学习完如何在 Blockly 中使用循环结构后，我们通过一个游戏来熟练地掌握这种程序结构，游戏的地址如下：http://cooc-china.github.io/pages/blockly-games/zh-hans/maze.html?lang=zh-hans。

游戏规则：

① 在本游戏中，玩家扮演图中的人物，要从给定的位置到达红色指示符标注的目的地，其中人物下方绿色的箭头指示人物目前面对的方向，黄色的宽线代表可通行的路。

② 玩家需要通过所学的 Blockly 知识，从右侧给定的代码模块中选取适当的模块，构建 Blockly 模块组来控制人物的移动，使得人物移动到红色指示符标注的目的地即可通关。

通关详解：

第 1 关：直接前进即可到达。注意，根据街道的长度，需要向前移动两步，如图 4-17 所示。

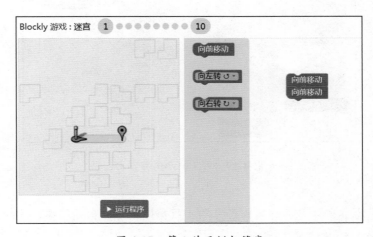

图 4-17　第 1 关示例与答案

第 2 关：需要经历两次拐弯才能到达目的地，如图 4-18 所示。

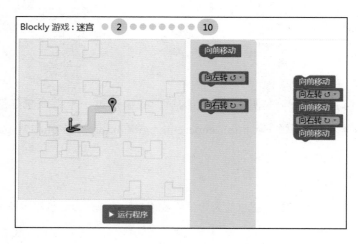

图 4-18　第 2 关示例与答案

第 3 关：加入了循环结构，循环使用"向前移动"即可到达，如图 4-19 所示。

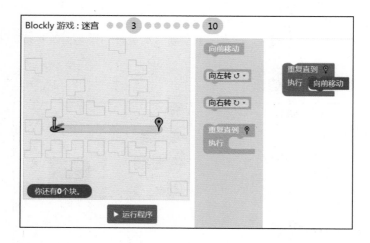

图 4-19　第 3 关示例与答案

第 4 关：开始进入带转向的循环结构，根据路线拆分出循环体，然后进行循环即可到达，如图 4-20 所示。

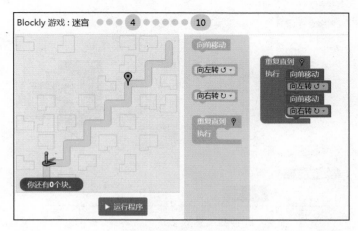

图 4-20　第 4 关示例与答案

第 5 关：先进行一个转向，之后再进行循环，如图 4-21 所示。

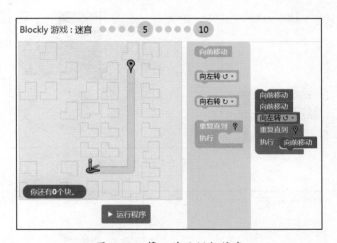

图 4-21　第 5 关示例与答案

第 6 关：每次转弯的方向都是一致的，根据这一点进行循环条件的设置，如图 4-22 所示。

第 7 关：在遇到岔路口时，需要考虑不同转向的先后顺序，沿着最短的路径走即可到达，如图 4-23 所示。

第 8 关：根据路线不同方向的转弯，设置不同的循环分支，如图 4-24 所示。

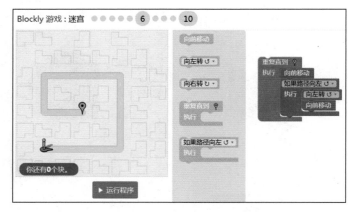

图 4-22　第 6 关示例与答案

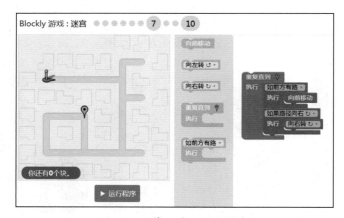

图 4-23　第 7 关示例与答案

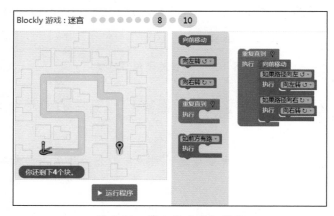

图 4-24　第 8 关示例与答案

第 9 关：注意循环和选择中的嵌套关系，沿最短路径走即可到达，注意途中的方框回路，不要陷入死循环，如图 4-25 所示。

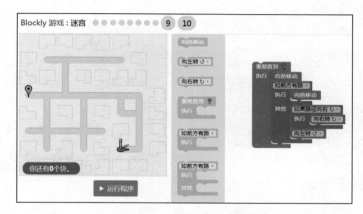

图 4-25 第 9 关示例与答案

第 10 关：迷宫中设置了很多容易进入的误区陷阱，正确的路线是沿着左边的墙走，如图 4-26 所示。

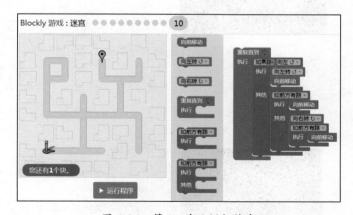

图 4-26 第 10 关示例与答案

4.9 小试牛刀——游戏 2：乌龟

这款 Blockly 游戏分为 10 个关卡，主要是为了让大家更好地掌握循环语句的使

用，在游戏中体会 Blockly 编程的乐趣，进而掌握基础程序语言的运用。游戏地址如

下：http://cooc-china.github.io/pages/blockly-games/zh-hans/turtle.html?lang=zh-hans。

游戏规则：

① 我们需要通过控制代码来让乌龟沿着特定的路线爬行。

② 代码主要由选择结构、循环结构和逻辑判断组成。

③ 单击"运行程序"按钮后程序就会执行右侧的代码。乌龟走完特定路线后游

戏结束，顺利通关。

通关详解：

第 1 关：让乌龟向前爬行 100 步，然后右转 90°，接着爬行 100 步，直到爬完一

个正方形路线为止，如图 4-27 所示。

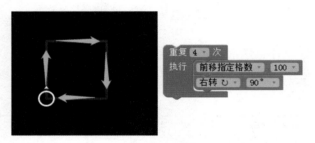

图 4-27　第 1 关示例与答案

第 2 关：让乌龟向前爬行 100 步，然后右转 72°，接着爬行 100 步，直到爬完一

个正五边形路线为止，如图 4-28 所示。

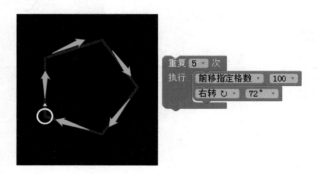

图 4-28　第 2 关示例与答案

第 3 关：让乌龟向前爬行 100 步，然后右转 144°，接着爬行 100 步，直到爬完一个正五角星形路线为止，如图 4-29 所示。

图 4-29　第 3 关示例与答案

第 4 关：先将画笔颜色设置为黄色，再让乌龟向前爬行 50 步，然后右转 144°，接着爬行 100 步，直到爬完一个正五角星形路线后拿起笔，爬行 150 步后放下笔，继续爬行 20 步，如图 4-30 所示。

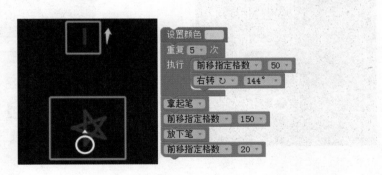

图 4-30　第 4 关示例与答案

第 5 关：先将画笔颜色设置为黄色，让乌龟向前爬行 50 步，然后右转 144°，接着爬行 50 步，直到爬完一个正五角星形路线后，拿起笔向前爬行 150 步，右转 90° 后继续完成一个五角星形的路线，直到爬完 4 个正五角星形路线为止，如图 4-31 所示。

第 6 关：如图 4-32 所示，先将画笔颜色设置为黄色，让乌龟向前爬行 50 步，然后右转 144°，接着爬行 50 步，直到爬完一个正五角星形路线后拿起笔，向前爬行 150 步后，向右转 120°，接着爬完一个正五角星形路线，直到完成 3 个五角星形路线后，将颜色设置为白色，再次拿起笔，向前爬行 100 步后放下笔，继续爬行 50 步为止，其模块组合如图 4-33 所示。

图 4-31　第 5 关示例与答案

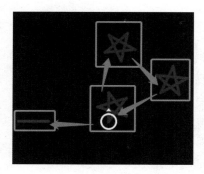

图 4-32　第 6 关乌龟爬行路线

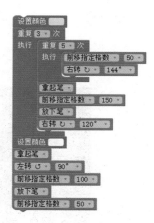

图 4-33　第 6 关答案

第 7 关：如图 4-34 所示，前面部分和第 6 关相同，可参照第 6 关内容。当乌龟再次爬回原点时，将颜色设置为白色，再次拿起笔，向前爬行 100 步后放下笔，继续爬行 50 步，后退 50 步，右转 45° 后继续爬行 50 步，重复 4 次为止，其模块组合如图 4-35 所示。

第 8 关：如图 4-36 所示，前面部分和第 6 关相同，可参照第 6 关内容。当乌龟再次爬回原点时，将颜色设置为白色，再次拿起笔，向前爬行 100 步后放下笔，继续爬行 50 步，后退 50 步，右转 1° 后继续爬行 50 步，重复 360 次，直到画出满月为止，其模块组合如图 4-37 所示。

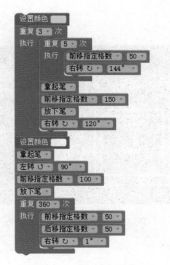

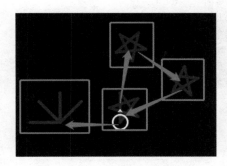

图 4-34　第 7 关乌龟爬行路线

图 4-35　第 7 关答案

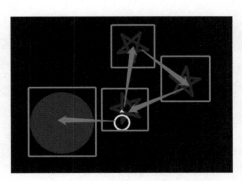

图 4-36　第 8 关乌龟爬行路线

图 4-37　第 8 关答案

第 9 关：如图 4-38 所示，前面部分和第 6 关相同，可参照第 6 关内容。当乌龟再次爬出满月的圆形图案后，右转 120° 拿起笔，向前爬行 20 步，将颜色设置为黑色，放下笔。左转 1° 向前爬行 50 步，后退 50 步，重复 360 次，直到画出月牙状为止，其模块组合如图 4-39 所示。

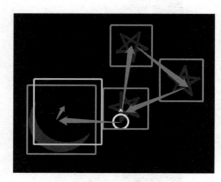

图 4-38　第 9 关乌龟爬行路线

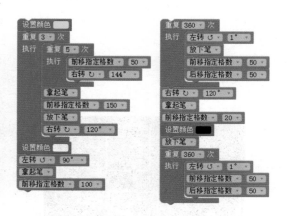

图 4-39　第 9 关答案

第 10 关：进入这一关后就弹出如图 4-40 所示的提示，没有给出明确的通关要求，但是需要大家自由发挥，画出自己任何想要的形状，大胆进行探索，看看由模块组成的画笔可以构造出什么样的神奇画面吧。

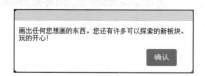

图 4-40　第 10 关关卡提示

4.10　本章练习

1. 一个球从 100m 高度自由落下，每次落地后反弹回原高度的一半，再落下。求它在第 10 次落地时，共经过多少米？第 10 次反弹多高？

2. 输入一个数，判断这个数是否为素数（素数为仅能被 1 和自身整除的数。）

3. 编写程序，给出年、月、日，计算出该日是该年的第几天。

4.11　课外拓展

高级语言的循环结构

Blockly 循环结构的各个模块，其实与实际的程序代码中的基本语句是相互对应的。下面就来一起看一看在 C 或者 Java 等高级语言中，Blockly 循环结构中各模块的代码吧。

条件重复中的"重复当"模块对应的是 While 语句，适合判断次数不明确的操作，它的执行条件是"只要控制表达式为 true，While 循环就会反复地执行语句"。

While 语句基本格式为：

```
While( 条件表达式 ){
    语句块
}
```

条件重复中的"重复直到"模块，对应类似 Do-while 的语句，它先执行循环体，然后根据判断条件决定是否再次执行循环，即 Do-while 语句至少执行一次循环。

Do-while 语句基本格式为：

```
Do{
    语句块
}while( 条件表达式 );
```

步长重复模块对应的是 For 语句，适合针对一个已知范围判断进行循环操作。

For 语句基本格式为：

```
For( 初始表达式 ; 条件表达式 ; 步进表达式 ){
    语句块
}
```

列表重复模块对应 Java 中的 For-each 语句，在 C 语言中并没有这个语句。For-each 语句是 For 语句的特殊简化版本，主要用于遍历数组和集合，但是 For-each 语句并不能完全取代 For 语句。

For-each 语句基本格式为：

```
For( 类型变量 : 数组或集合 ){
    语句块
}
```

中断模块对应 break 语句，用来进行中断，跳出循环；继续模块对应 continue 语句，用于结束本次循环，接着开始下一次循环条件的判断。

第5章

Blockly 列表

学习目标

- 了解数组的定义。
- 了解列表的创建、插入、查找、修改、删除操作。
- 掌握列表的使用。

知识图谱

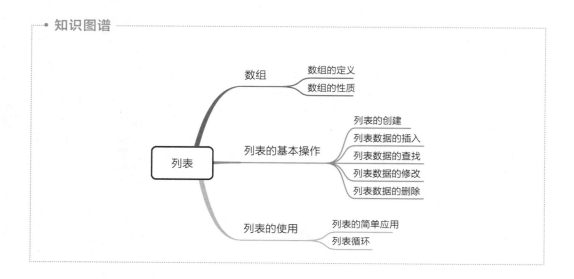

在本章中，我们将学习 Blockly 列表的相关知识，包括什么是数组以及列表的创建、插入、查找、修改、删除操作。此外，我们还将学习列表的一些简单应用。列表还能够帮助我们使用循环语句，因此是非常重要的一部分。

5.1　数组

5.1.1　数组的定义

数组是用于存储多个相同类型数据的集合。

在 Blockly 中，一个列表即为一个数组，同时也是一个变量。若将有限个类型相同的变量所组成的集合命名，那么这个名称即为数组名，也是列表名。数组是在程序设计中，为了处理方便，把具有相同类型的若干元素按无序的形式组织起来的一种形式。这些无序排列的同类数据元素的集合称为数组。

5.1.2　数组的性质

作为一种能够被使用的变量，数组具有以下性质：

1）数组是相同数据类型的元素的集合。

2）数组中的各元素的存储是有先后顺序的，它们在内存中按照这个先后顺序连续存放在一起。

3）数组元素用整个数组的名称和它自己在数组中的顺序位置来表示。例如，a[0] 表示名称为 a 的数组中的第一个元素，a[1] 代表数组 a 的第二个元素，以此类推，在 Blockly 中则用"#"+ 数字的形式来表示元素的位置。

计算机程序中数组可以分为一维数组和多维数组，在 Blockly 中只用到一维数组。

5.2　列表的基本操作

5.2.1　列表

列表是一种由数据项构成的有限序列，即按照一定的线性顺序排列而成的数据项的集合，在这种数据结构上进行的基本操作包括对元素的查找、插入和删除。

通过前面的学习，我们知道了列表是 Blockly 中数组的表现形式，因此可以将创建的列表看作一个数组变量，以此来完成我们的操作。

5.2.2　列表的创建

在 Blockly 中，列表的创建是通过"创建列表"模块来实现的。将"创建列表"模块拖动到代码区，手动输入需要添加的元素，元素可以为字符、数字等。

如图 5-1 所示，我们可以创建一个列表为 {1，2，3}，同样也可以创建其他数据类型的数组。这里要注意的是，同一列表中的元素数据类型必须相同，即必须同为字符或数字。

另外，当需要创建由同一元素组成的列表时，可以使用另一代码块，如图 5-2 所示。

图 5-1　创建不同元素列表的示例

图 5-2　创建相同元素列表的示例

在这个代码块中，我们建立了一个有 5 个元素的列表，这 5 个元素都为"123"，即 {123，123，123，123，123}。

这里我们可以看到，当创建一个列表后，变量模块会自动出现一个新的名为"列表"的变量，这就是我们目前所创建的列表。可以通过变量模块对所创建的列表名进行修改，只有当我们将所创建的列表赋值给相应的变量时，列表才能够显示。显示结果如图 5-3 所示。

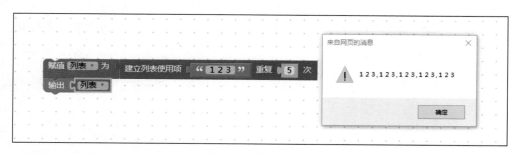

图 5-3　创建的列表

5.2.3　列表数据的插入

创建好列表之后，可以对其进行修改。我们可以根据要求在规定位置插入元素，这里需要用到的是插入代码块。可以看到 Blockly 提供了插入元素的功能，如图 5-4 所示，我们将需要的元素插入需要的位置。Blockly 为用户提供了"第一个""最后一个""随机的"这 3 个默认值，同时也支持用户自己填写列表元素的位置，通过"#"和"倒数第 #"的方式表示（其中 # 表示数字），不仅可以从前向后数，也可以从后向前数。

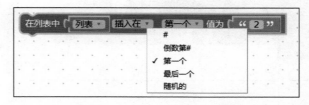

图 5-4　插入元素功能模块

插入元素结果示例如图 5-5 所示。

图 5-5　向列表插入数据结果

5.2.4　列表的查找和修改

当一个列表较长或较为复杂时，如何从列表中获取数据呢？这就需要用到列表模块中的查找代码块，如图 5-6 所示。

图 5-6　查找代码块

通过查找代码块，可以获取列表中第 # 项的元素，以此满足我们的需求。具体显示结果如图 5-7 所示。

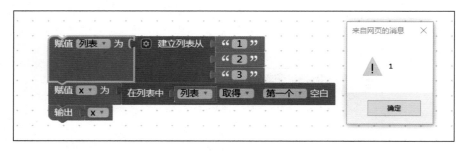

图 5-7　查找结果

除此之外，还能判断元素的位置，如图 5-8 所示。例如，寻找第一次出现某个元素时是在列表的第几项，显示结果如图 5-9 所示。

图 5-8　判断元素位置代码块

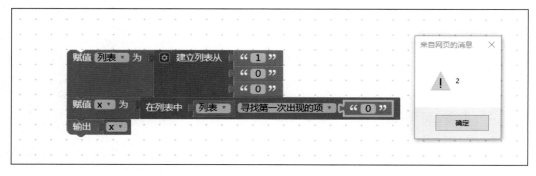

图 5-9　判断元素位置的结果

当创建好一个列表后，因为各种不同的需要，有时需要对列表中的元素进行修改。查找到该元素之后，Blockly 同样为用户提供了修改的功能，在这里我们使用列表模块中的修改代码块，如图 5-10 所示。

图 5-10　修改列表元素的代码块

可以看到，在这个代码块中我们能够随意修改列表中的元素，通过元素在列表中的位置来确定需要修改的元素，通过该代码块修改此元素，例如，修改列表中第一个元素，显示结果如图 5-11 所示。

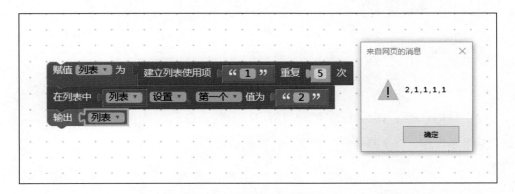

图 5-11　修改列表元素的结果

5.2.5　列表数据的删除

学习完以上几个操作后，接下来要了解的就是 Blockly 列表数据的删除功能。同样，Blockly 为我们提供了删除数据的代码块，如图 5-12 所示。

图 5-12　删除列表数据的代码块

由图 5-12 可知，该代码块与查找代码块为同一个，我们可以在代码块上进行操作，选择需要的功能。在这个过程中，我们不仅可以删除该数据，还能获取该数据。例如，删除列表中的第一个数据，结果如图 5-13 所示。

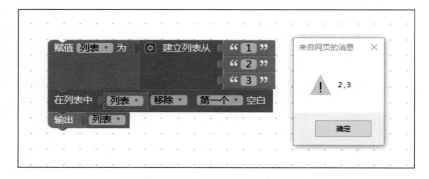

图 5-13　删除列表数据的结果

以上我们介绍了 Blockly 中列表的创建以及列表数据的插入、查找、修改和删除等几项基本操作，接下来将学习列表的一些简单应用。

5.3　列表的使用

5.3.1　列表的简单应用

1. 统计列表长度

首先要提到的是列表的性质——列表的长度。列表的长度是指该列表拥有多少项数据元素，统计一个列表的长度有助于更好地使用数据。Blockly 中有专门为统计列表长度所提供的代码块，如图 5-14 所示。

这个代码块不仅能够用来统计列表的长度，也能用来计算字符串的长度。通过该代码块可以快速知道所输入的字符串长度。

图 5-14　统计列表长度的代码块

其次，还有一个需要注意的概念——空列表。当一个列表的长度为 0 时，我们称该列表为空列表。Blockly 拥有与空列表相关的代码块，例如创建空列表代码块，该代码块及其创建效果如图 5-15 所示。

2. 排序功能

在其他程序语言中，有许多排序方式，例如冒泡排序等，Blockly 中也有排序功能代码块，如图 5-16 所示。

图 5-15　创建空列表代码块

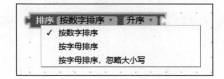

图 5-16　排序功能代码块

在该代码块中有 3 种默认的排序方式："按数字排序""按字母排序""按字母排序，忽略大小写"，通过此功能可对一组数据（例如学生的期末成绩）进行排序。

5.3.2　列表循环

列表循环模块是对列表中每一个元素进行循环迭代的模块。

如图 5-17 中方框标注处所示即 Blockly 中的列表循环模块。

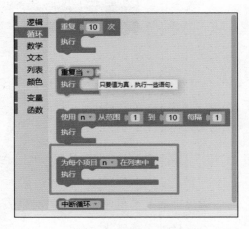

图 5-17　列表循环模块

如图 5-18 所示，通过使用列表循环模块可以输出列表 numList 中的每一个元素。

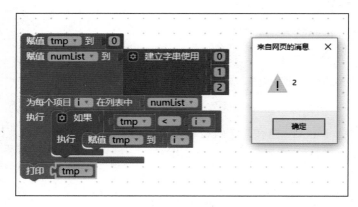

图 5-18　列表循环模块输出结果

虽然使用循环、步长模块也能实现循环输出每一个元素，如图 5-19 所示，但用这种方法不但需要知道列表的长度，而且无法像列表循环模块一样直接就定义好变量去代表列表的元素。

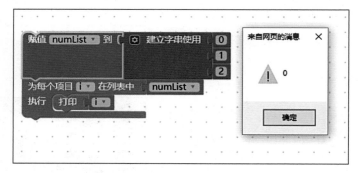

图 5-19　列表信息

5.4　小试牛刀——制作一个自动售货机

通过上面几节的学习，我们对列表的使用有了大致的了解，接下来就利用列表制作一个简易的自动售货机吧！

需要实现的功能包括：

1）能够看见售货机中尚有物品的名称。

2）能够让用户自己选择并输入需要的物品。

3）能够在用户输入物品名称后自动输出物品的价格。

自动售货机的代码实现如图 5-20 所示。

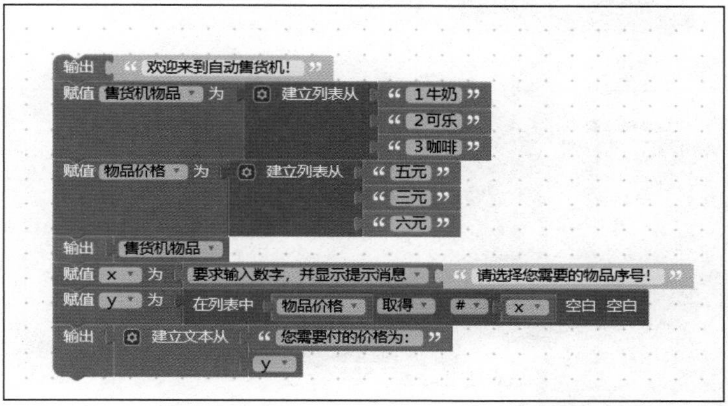

图 5-20　自动售货机代码实现

在这部分代码中，我们创建了两个列表，并利用列表的查找功能来输入需要的信息，运行效果如图 5-21 所示。

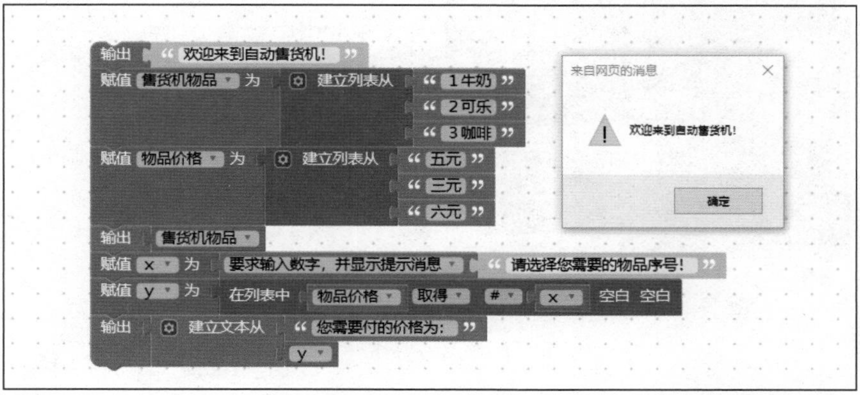

图 5-21　自动售货机运行效果

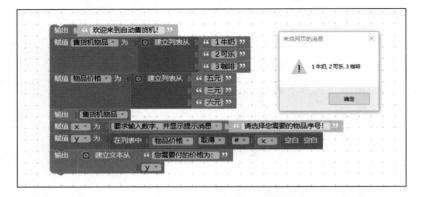

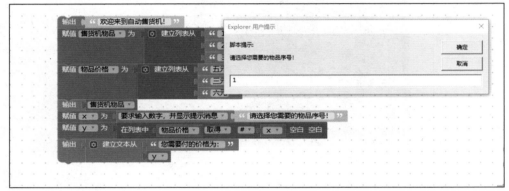

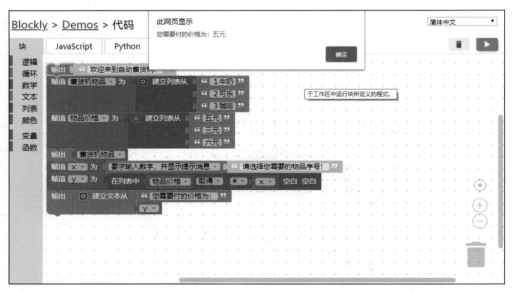

图 5-21 （续）

5.5　本章练习

1. 创建列表，并对该列表进行插入、查找、修改和删除操作。

2. 创建"期末成绩"列表，数据包括 85、95、84、83、78、91、96、94、93、89，并对它们进行排序。

5.6　课外拓展

列　　表

列表是一种由数据项构成的有限序列，即按照一定的线性顺序排列而成的数据项的集合，在这种数据结构上进行的基本操作包括对元素的查找、插入和删除。在 Blockly 的列表中可以只把列表看作一个数组，但实际上，列表的两种主要表现是数组和链表，栈和队列是两种特殊类型的列表。

栈又名堆栈，它是一种运算受限的线性表。其限制是仅允许在表的一端进行插入和删除运算。这一端称为栈顶，相对地，另一端称为栈底。向一个栈插入新元素又称为进栈、入栈或压栈，它是把新元素放到栈顶元素的上面，使之成为新的栈顶元素；从一个栈删除元素又称为出栈或退栈，它是把栈顶元素删除掉，使其相邻的元素成为新的栈顶元素。

队列是一种特殊的线性表，特殊之处在于它只允许在表的前端（front）进行删除操作，在表的后端（rear）进行插入操作。和栈一样，队列是一种操作受限制的线性表。进行插入操作的端称为队尾，进行删除操作的端称为队头。

列表在计算机编程中应用得很多，大家有机会可以更多地了解其他编程语言中的列表。

第6章

Blockly 函数

- 理解函数的概念。
- 理解函数的实参与形参。
- 掌握函数的创建与使用。
- 理解函数的返回值。

知识图谱

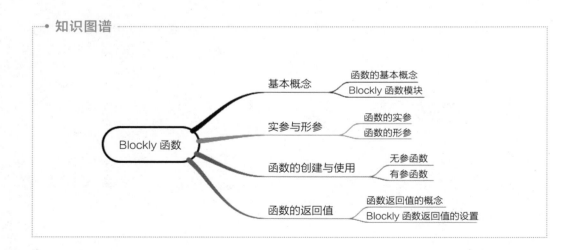

　　之前的章节中，我们学习了程序设计的 3 种基本结构：顺序结构、选择结构、循环结构，但这还远远不够，要想实现一个完善的程序，我们需要模块化程序设计。在编写程序时，为了使程序更简洁，我们往往喜欢把程序模块化。而要实现模块化，就需要编写函数。在本章中我们会对编写程序时使用的函数进行介绍，包括函数的基本概念、实参与形参、函数的创建与使用以及函数的返回值等内容。

6.1　基本概念

　　一个较大的程序一般应分为若干个程序模块，每一个模块用来实现一个特定的功能。所有的高级语言中都有子程序这个概念，用子程序实现模块的功能。比如在 C 语言中，子程序的作用是由函数完成的，一个 C 程序可由一个主函数和若干个函数构成，由主函数调用其他函数，其他函数也可以相互调用，同一个函数可以被一个或多个函数任意调用多次。在 Blockly 中，也支持函数的定义和使用。

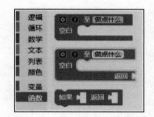

　　在程序设计中，常将一些常用的功能模块编写成函数，放在函数库中作为公共函数，所以要善于利用函数，以减少重复编写代码的工作量，如图 6-1 所示即为 Blockly 的函数模块。

图 6-1　Blockly 函数模块

6.2　实参与形参

　　在 C 语言和其他语言中，函数的一个明显特征就是使用时带括号，必要时，括号中还要包含数据和变量，我们称之为参数，参数是函数需要处理的数据。

　　函数的参数分为形参和实参两种。形参出现在函数定义中，在整个函数体内都可以使用，离开该函数则不能使用；实参出现在主调函数中，进入被调函数后，实参变量也不能使用。形参和实参的功能是进行数据传送。发生函数调用时，主调函数把实参的值传送给被调函数的形参，从而实现主调函数向被调函数的数据传送。

形参是在用户自定义函数过程、子过程名后圆括号中出现的变量名，多个形参用逗号分隔。实参是在调用上述过程时，在过程名后的参数，其作用是将它们的数据（值或地址）传送给被调过程对应的形参变量。

形参可以是变量或者带有一对括号的数组名；实参可以是同类型的常数、变量、数组元素、表达式、数组名（带有一对圆括号）。

6.3 函数的创建与使用

根据参数的有无，可将函数简单地分为无参函数和有参函数。这对于没有接触过C 语言或其他编程语言的读者来说可能比较抽象，不过不必担心，接下来我们会基于Blockly 进行详细讲解。

6.3.1 无参函数

如图 6-2 所示是 Blockly 工具箱中的一个函数块，其中，⚙ 用于对函数进行参数的设置，无参函数不需要使用此选项；在  做点什么 中输入函数的名称；在  空白 中添加函数所实现的功能语句；而 ❓ 则对函数的功能进行了描述，如图 6-3 所示。

图 6-2　Blockly 函数模块

图 6-3　Blockly 函数模块功能描述

对工具箱中的 Blockly 有了简单的了解之后，下面尝试动手设计自己的函数。

如图 6-4 所示是一个简单的无参函数，其函数名为"打印'Hello World!'"，当从工具箱拖动一个块到编辑区

图 6-4　无参函数

的同时，在工具箱的函数选项卡中会生成一个对应的函数块，当再用到此函数时，就可以像使用其他工具箱中的块一样直接使用，如图 6-5 所示。

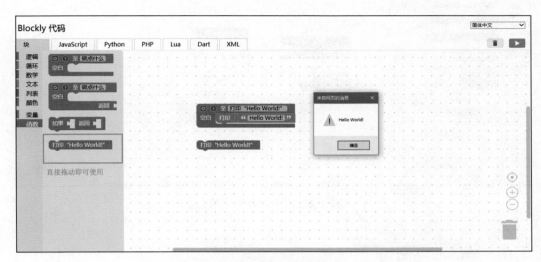

图 6-5　无参函数的使用

6.3.2　有参函数

与无参函数不同，有参函数需要在 ⚙ 中对参数进行设置，拖动 输入名称：x 至右侧"输入"中，并对参数进行命名即可，如图 6-6 所示。

在创建完成后，可以赋予该函数一个功能，在这里，我们令此函数的功能为打印参数 x 的值，如图 6-7 所示。该函数的使用方法与无参函数类似，区别在于使用时需要为参数赋值，如图 6-8 所示。

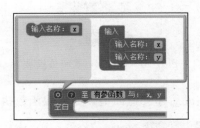

图 6-6　有参函数模块

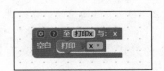

图 6-7　打印参数 x 函数模块

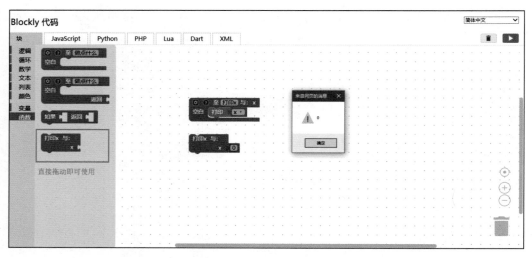

图 6-8   有参函数的使用

6.4   函数的返回值

函数的另外一个明显的特征就是有返回值，既然函数可以进行数据处理，那就有必要反馈处理结果，所以很多函数都有返回值。所谓的返回值就是函数的执行结果，如图 6-9 所示。

当创建的函数需要返回值时，可直接从工具箱中拖动自带返回值的函数块，可见工具箱中生成的函数块左侧带有凸起，如图 6-10 所示。

图 6-9   带返回值的函数模块   图 6-10   Blockly 返回值模块

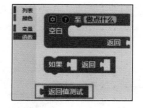

以这种方式生成的函数，只有当函数执行完成后才会返回值。如果在函数执行过程中就已经产生了想要的结果，也可以拖动  结束正在执行的函数，并返

回执行结果。

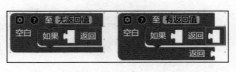
【例 6-1】 设计一个求 x, y 中最大者的函数，名为 Max(x, y)。

【解答】 可以按照思维导图，逐步进行 Max(x, y) 函数的设计，如图 6-12 所示。

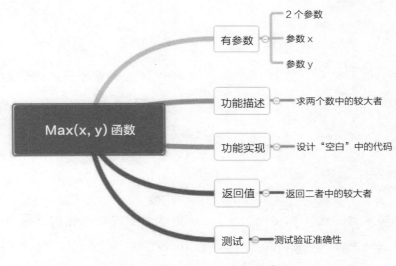

图 6-12 Max(x, y) 函数思维导图

在进行程序设计时，无论是进行简单的学习，还是进行复杂的开发，在动手之前，一定要对所设计的程序有一个良好的规划。磨刀不误砍柴工，好的习惯很重要，它可以帮你提升编程水平，提高编程效率。

我们设计好的模块语言如图 6-13 所示。当设计完成后，测试验证程序结果。测试不需要很复杂，如果可以，最简单的就是使用 打印 模块，如图 6-14 所示。

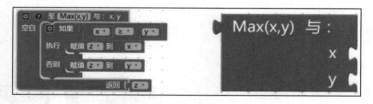

图 6-13 完成的 Max(x, y) 语言模块

图 6-14 打印 Max(x, y) 结果

🔍 **练一练**

结合上面的内容，仿照例6-1设计一个求 x、y 中最小者的函数，名为 Min(x, y)。

6.5 小试牛刀——游戏：池塘导师

池塘导师这款游戏分为 10 个关卡，为了让大家更好地理解 Blockly 游戏，下面将带领大家一一突破每一关，在游戏中体会 Blockly 编程的乐趣，进而掌握基础程序语言的运用。游戏地址如下：http://cooc-china.github.io/pages/blockly-games/zh-hans/pond-tutor.html?lang=zh-hans。

游戏规则：

① 我们需要通过控制代码来让玩家发射加农炮击败对手。

② 代码主要由循环结构和逻辑判断组成。

③ 单击"运行程序"按钮后程序就会执行右侧的代码。当玩家将对手的血槽攻击为零后即可击败对手，并完成每个关卡。

通关详解：

第 1 关：调整距离和角度，击败红色角色，如图 6-15 所示。

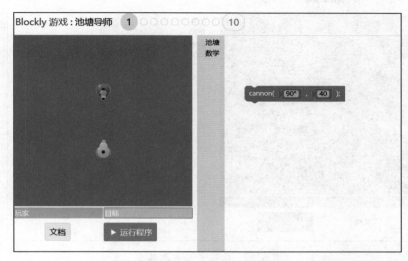

图 6-15　第 1 关示例与答案

第 2 关：编写代码，调整距离和角度参数，击败红色角色，如图 6-16 所示。

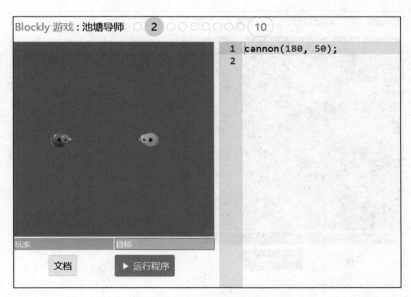

图 6-16　第 2 关示例与答案

第 3 关：加入循环结构，循环使用"cannon 模块"即可，如图 6-17 所示。

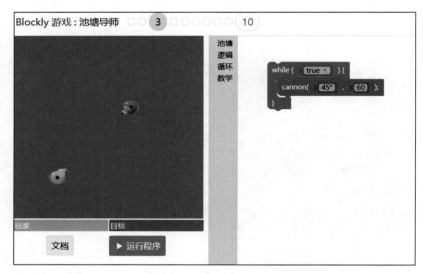

图 6-17　第 3 关示例与答案

第 4 关：加入循环代码，调整距离和角度参数，击败红色角色，如图 6-18 所示。

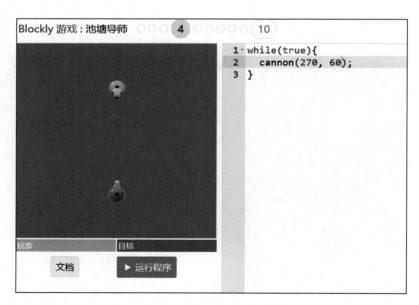

图 6-18　第 4 关示例与答案

第 5 关：红色角色来回移动，因此很难被攻击。scan 表达式返回特定位置具体范围内的对手，如图 6-19 所示。

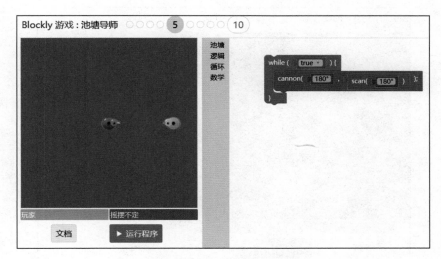

图 6-19　第 5 关示例与答案

第 6 关：编写代码，加入 scan，调整参数，击败红色角色，如图 6-20 所示。

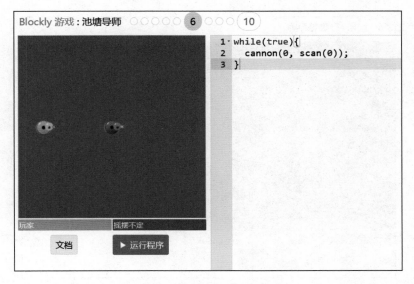

图 6-20　第 6 关示例与答案

第 7 关：新增 swim 模块，用来调整角色与目标间的距离，调整参数，使角色游向红色角色，如图 6-21 所示。

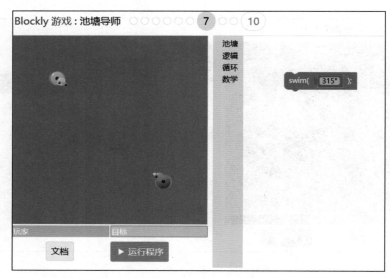

图 6-21　第 7 关示例与答案

第 8 关：编写代码，控制角色游向红色目标，如图 6-22 所示。

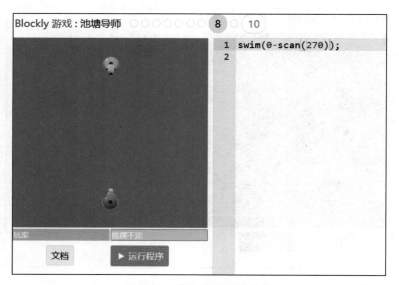

图 6-22　第 8 关示例与答案

第 9 关：角色与红色目标间距离过远，加入选择结构，缩短角色与目标之间的距离，然后击败目标，如图 6-23 所示。

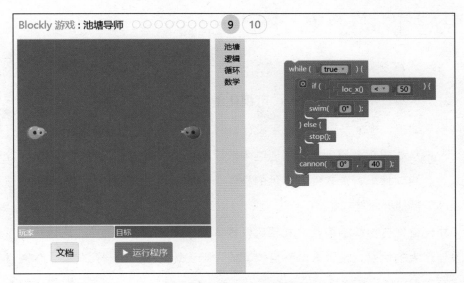

图 6-23　第 9 关示例与答案

第 10 关：编写代码，利用所学模块击败红色角色，如图 6-24 所示。

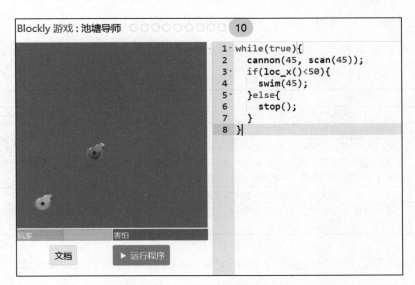

图 6-24　第 10 关示例与答案

6.6　本章练习

1. 编写一个判断素数的函数，在主函数中输入一个整数，输出这个整数是否为素数。
2. 设计一个自己的工具块。

6.7　课外拓展

可视化编程

可视化编程，也就是可视化程序设计，它是一种全新的程序设计方法，以"所见即所得"的编程思想为原则，力图通过函数模块化来实现编程工作的可视化，让程序设计人员利用软件本身或软件所提供的插件、控件，通过拖曳式、积木式的方法构造目标程序所需的界面与功能。

可视化编程与传统的编程方式相比，根本的区别在于"可视"。这也正是可视化程序设计最大的优点，设计人员不用编写或只需要编写很少的程序代码，仅通过直观的操作方式就可以完成程序的设计与开发工作，极大地提高了设计人员的工作效率。

根据可视化编程的应用场景，可以将其分为专业级和入门级。其中专业级是针对职业的程序员定义的，多采用集成的开发环境进行可视化程序设计，如微软的 Visual Basic、Visual C++、中文 Visual Foxpro、Borland 公司的 Delphi 等，涉及的概念也较为复杂，如表单、组件、属性、事件、方法等，具体概念如表 6-1 所示。

表 6-1　可视化编程基本概念

基本概念	含　　义
表单	表单是指进行程序设计时的窗口，可通过在表单中放置各种部件来布置应用程序的运行界面
组件	组成程序运行界面的各种部件，如命令按钮、复选框、单选框、滚动条等
属性	组件的性质，它说明组件在程序运行的过程中是如何显示的、组件的大小、显示的位置等。根据其特性可分为 3 类，设计属性（进行设计时就可发挥作用的属性）、运行属性（程序运行过程中才发挥作用的属性）、只读属性（只能查看而不能改变的属性）
事件	对一个组件的操作，如单击一个命令按钮，单击鼠标就称为一个事件（Click 事件）
方法	某个事件发生后要执行的具体操作，如当 Click 事件发生时，程序就会执行一条命令，这条命令的执行过程就叫作方法

对初学者而言，可视化编程多指类似于 Blockly、App Inventor、Scratch 这类可视化编程教学工具，趣味性和易用性是它们的重要优势。

Blockly 二次开发及高级应用

· 学习目标

- 了解 Bockly Developer Tools 的使用。
- 了解如何自定义 Blockly 模块。
- 了解 Blockly 作为代码生成器的功能。
- 了解 Blockly 的二次开发。

· 知识图谱

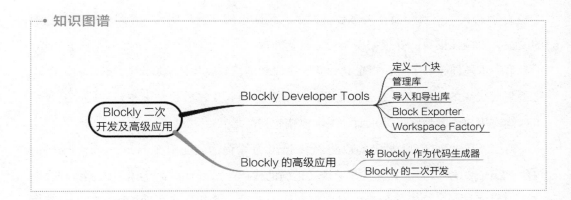

本章需要使用 Block Factory、Blockly Developer Tools 自定义一个模块，并对其进行管理。我们将学习到 Blockly 的高级使用方法，如何利用 Blockly 导出自己所需要的代码块。在学习完本章内容后，我们将可以利用 Blockly Developer Tools 设计自己所需的模块，更灵活地进行编程。

7.1 Blockly Developer Tools

在前几章的学习中，每章结尾处都有小游戏环节。每个小游戏虽然是可视化编程，和我们学习的 Blockly 很像，但是又有所不同。这些不同由何而来？这就是本章将要探讨的重点。通过 Blockly Developer Tools，用户可以自定义新模块，这使得 Blockly 的可扩展性大大提升，同时也是 Blockly 的灵活和强大之处。

本节面向希望在 Blockly 中创建新块的读者，基本要求是有一个可以编辑的 Blockly 的本地副本，基本熟悉 Blockly 的使用，并且对 JavaScript 有基本的了解。

Blockly 中有大量的预定义模块，然而为了与外部应用程序链接，必须创建自定义块以形成 API（应用程序编程接口）。例如，当创建绘图程序时，可能需要创建"绘制半径为 R 的圆"模块。而在大多数情况下，最简单的方法是找到一个已经存在的相似的模块，复制该模块，并根据需要对其进行修改：

第一步是创建一个块，指定其形状、字段和连接点。使用 Blockly Developer Tools 是编写此代码的最简单的方法，或者，可以在学习 API 之后手动编写该代码，高级块可以响应用户或其他因素需求而动态地改变它们的形状。

第二步是创建生成器代码以将新块导出为编程语言（例如 JavaScript、Python、PHP、Lua 或 Dart）。为了生成既干净又正确的代码，必须注意给定语言的操作列表顺序，创建更复杂的块需要使用临时变量和调用函数，尤其是在要进行两次输入并需要缓存时。Blockly Developer Tools 是一款基于 Web 的开发工具，可以自动完成 Blockly 配置过程的各个部分，包括创建自定义块、构建工具箱和配置 Web Blockly 工作区。

使用该工具的 Blockly 开发者进程包括 3 个部分：

1）使用 Block Factory 和 Block Exporter 创建自定义块。

2）使用 Workspace Factory 构建工具箱和默认工作空间。

3）使用 Workspace Factory 配置工作空间（当前是仅限 Web 的功能）。

7.1.1　定义一个块

定义一个块需要用到 Blockly Developer Tools 中的 Block Factory，如图 7-1 所示。Block Factory 主要分为 3 个区域：

1）编辑区：对新增块进行设计和编辑。

2）预览区：对编辑区编辑的块进行实时预览。

3）代码区：代码区分为两个部分——Language code 和 Generator stub，其中 Language code 区指定和控制新增块所呈现的形状，Generator stub 区负责新增块所要生成的代码。

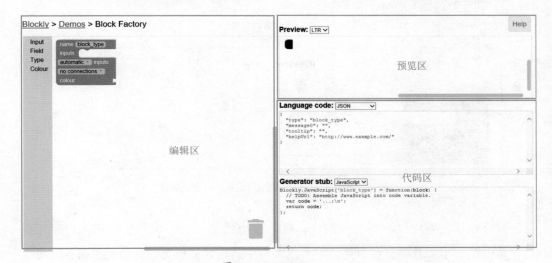

图 7-1　Block Factory

在编辑区的左侧，可以看到 4 个基本块——Input、Field、Type 和 Colour，如图 7-2 所示。这是 4 个原料库，用户可以从这些库中获取所需要的任意"原料"来合成自己的新块。

先从最简单的 Colour（颜色）块开始介绍。Colour 块默认定义了 9 种基本颜色，直接将想要的颜色拖动到右侧，拼接到对应的凹槽，便可立即在预览区看到新块的颜色，如图 7-3 和图 7-4 所示。

图 7-2　Block Factory 基本块

图 7-3　Colour 块

图 7-4　预览区效果

　　如果默认色彩中没有想要的颜色，可以拖动任意 Colour 块到编辑区，拼接完成后，单击色块中的数字，在色块的下方出现一个圆形的调色盘，转动调色盘，即可选择颜色，如图 7-5 所示。

　　在 Blockly 中，同一类型的块通常采用相同的颜色，所以选择新块的颜色时要兼顾前后。

　　一个新块不仅需要有颜色，还需要与其他块进行衔接，这就需要设计新增块的输入和输出，它们将决定新增块的功能、属性和类别。

　　接下来看一看 Input（输入）块，这是新增块与其

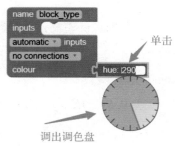

图 7-5　调色盘

他块连接的接口之一，如图 7-6 所示。

　　输入可以分为 3 种类型：value input（值输入）、statement input（声明输入）、dummy input（模拟输入）。首先以值输入为例，拖动 value input 至右侧与 inputs 连接，可看到预览区新增块多了一个凹槽，如图 7-7 所示。

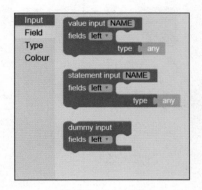

图 7-6　Input 块

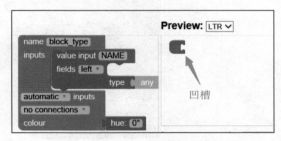

图 7-7　单个 Input 块效果图

　　根据需要，用户还可以添加多个输入值，但要注意多个输入值的名称不能相同，否则会出现警告，而且在后续调用时也会冲突报错，新块名称也是如此，不能与其他块同名。图 7-8 展示了多个 Input 块效果图。

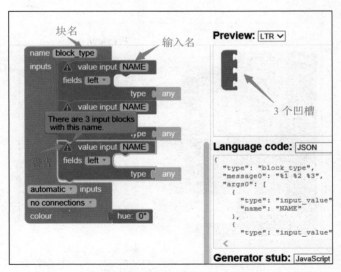

图 7-8　多个 Input 块效果图

在值输入中还可以添加域（field），比如加入最简单的文本域，即可在输入中提示对应的文本，域中的下拉列表框可用于设置文本的对齐方式，如图 7-9 所示。

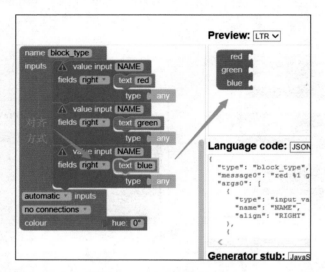

图 7-9　Input 块对齐方式

设置完毕，选择新块的输入方式——外接式和内嵌式，效果分别如图 7-10 所示。

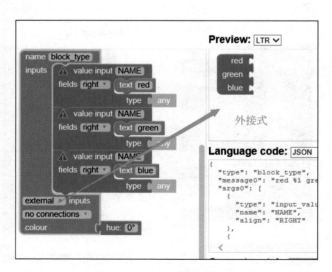

图 7-10　外接式与内嵌式效果图

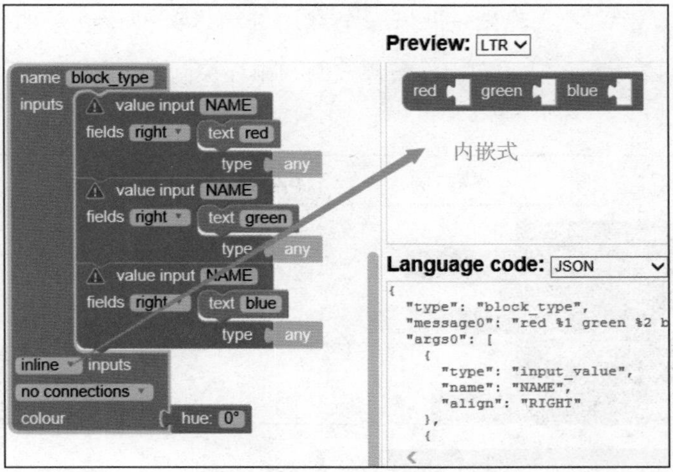

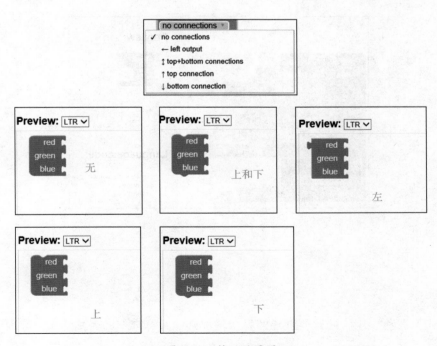

图 7-10　（续）

有了输入之后，其他块就可以很容易地通过凹槽加入新块了，但是，这时另外一个值得考虑的问题又出现了：如何将新增块加入其他块之中呢？有 5 种选择，如图 7-11 所示。

图 7-11　接口效果图

看完值输入之后，再来看一下另一个常用的输入类型——声明输入（statement input），如图 7-12 所示，它通常用作条件控制和循环控制。

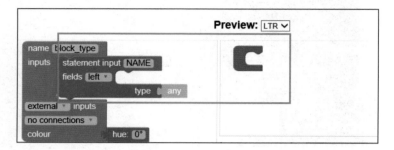

图 7-12　声明输入

使用值输入和声明输入，可以很容易地设计出编程中常用的条件语句和循环语句，如图 7-13 和图 7-14 所示。

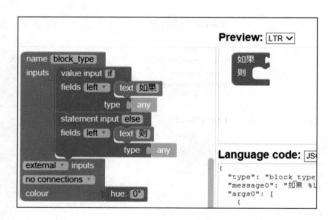

图 7-13　设置条件语句

7.1.2　管理库

块由其名称引用，因此要创建的每个块都必须具有唯一的名称。用户界面强制执行此操作，并在保存新块或在更新现有块时将其清除，如图 7-15 所示。

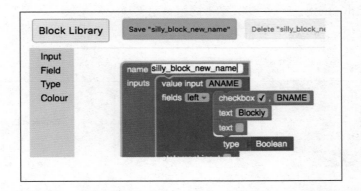

图 7-14　设置循环语句

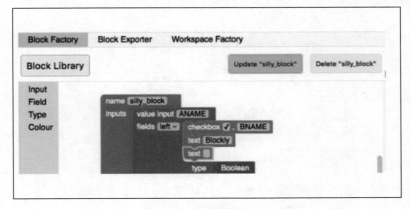

图 7-15　块的保存与更新

可以在之前保存的块之间切换，或通过单击 Block Library 按钮创建新的空块，如图 7-16 所示。更改现有块的名称是快速创建具有类似定义的多个块的另一种方法。

7.1.3 导入和导出库

块被保存到浏览器的本地存储，清除浏览器的本地存储将删除块。要无限期保存块，必须下载库。块库将下载为可导入的 XML 文件，以将块库设置为下载文件时的状态。请注意，导入块库将替换当前的库，因此可能需要先备份导出。

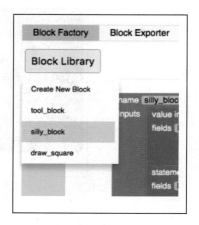

图 7-16   块的创建

导入和导出功能也是维护和共享不同组自定义块的推荐方式。图 7-17 展示了块的导入与导出。

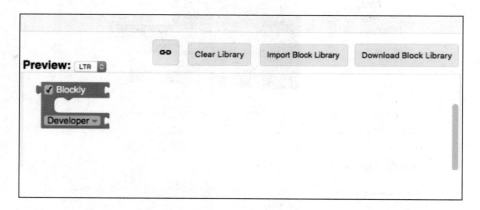

图 7-17   块的导入与导出

7.1.4 Block Exporter

如果设计了块，并且想要在应用程序中使用它们时，可以在块导出器中完成块定义和生成器的导出。

存储在块库中的每个块都将显示在块选择器中。单击块以选择或取消选择要
导出的块。如果要选择库中的所有块，请使用
Select → All Stored in Block Library 选项。如果使
用 Workspace Factory 选项卡构建了工具箱或配置
了工作区，则还可以通过单击 Select → All Used
in Workspace Factory 选择所有使用的块，如图 7-18
所示。

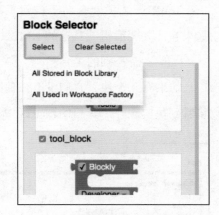

图 7-18 块选择器

导出设置允许用户选择要定位的生成语言，以
及是否需要所选块的定义。选择这些文件后，单
击 Export 按钮即可下载文件，如图 7-19 所示。

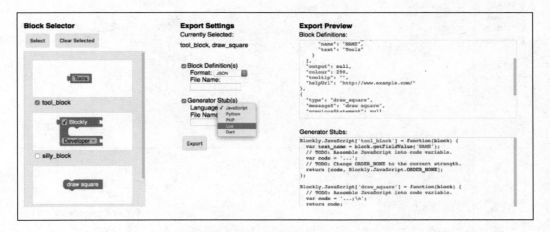

图 7-19 块导出相关设置

7.1.5 Workspace Factory

使用 Workspace Factory 可以方便地配置工具
箱（Toolbox）和工作区（Workspace）中的默认块
组。用户可以使用 Toolbox 和 Workspace 按钮在编
辑工具箱和起始工作区之间切换，如图 7-20 所示。

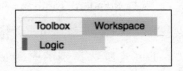

图 7-20 工作区工厂

（1）构建工具箱

Toolbox 选项卡有助于构建工具箱的 XML，该材料假定用户熟悉工具箱的功能，如果在此处要编辑工具箱的 XML，可以通过单击 Load to Editor 加载 XML。

（2）没有类别的工具箱

如果有几个块，它们没有任何类别，想要显示块时，只需要将其拖动到工作区中，将看到块出现在工具箱的预览区中，如图 7-21 所示。

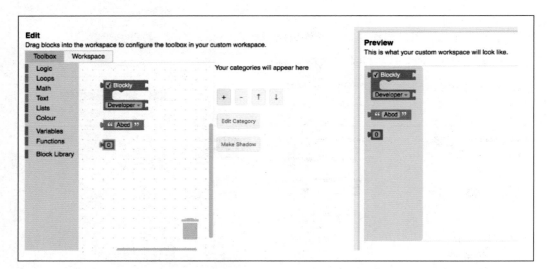

图 7-21　工具箱预览

（3）有类别的工具箱

有类别的工具箱如图 7-22 所示。如果想要显示块类别，单击 "+" 按钮，并选择 New Category（新类别），这将向类别列表中添加一个类别，可以对其进行选择和编辑；选择 Standard Category（标准类别），可以添加单个标准块类别（逻辑、循环等）；选择 Standard Toolbox（标准工具箱）可以添加所有标准块类别。单击箭头按钮可重新排序类别。

要更改所选类别的名称或颜色，请使用 Edit Category（编辑类别）选项。将块拖动到工作区中可将其添加到所选类

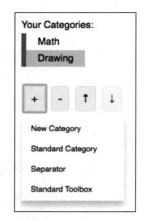

图 7-22　显示块类别

别，如图 7-23 所示。

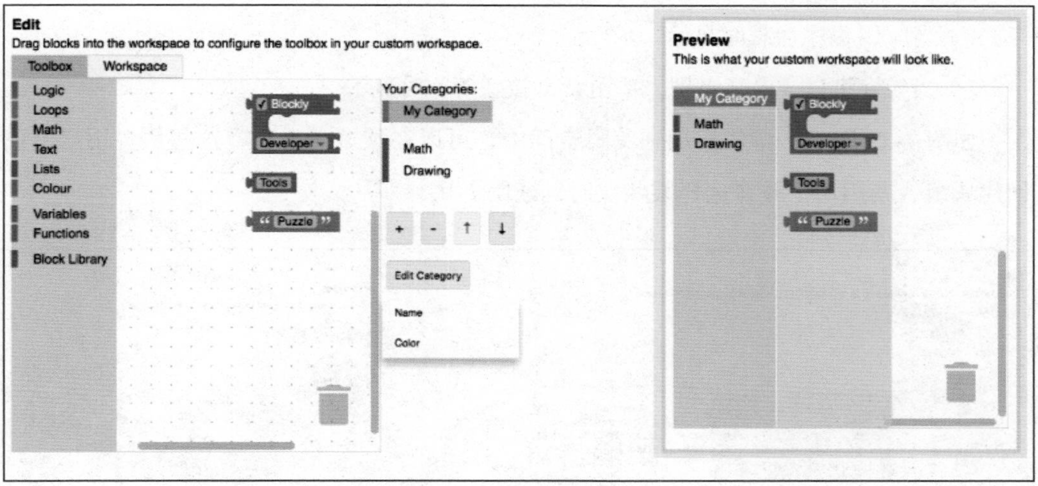

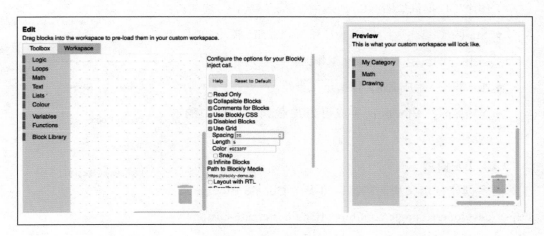

图 7-23　块的编辑

（4）选择工作区选项

为配置选项设置不同的值，并在预览区域中查看结果。启用网格或缩放会显示更多配置选项。此外，切换到使用类别通常需要更复杂的工作空间：当添加第一个类别时，会自动添加垃圾桶图标和滚动条，如图 7-24 所示。

图 7-24　工作区选项

（5）将预加载块添加到工作区

这是可选的，但如果要在工作空间中显示一组块，则可能需要：

1）当应用程序加载时显示。

2）当触发事件（提高级别，单击帮助按钮等）时显示。

如图 7-25 所示，将块拖动到编辑空间中，可以在预览区中查看这些块。用户可以创建块组、禁用块，并在选择某些块时创建阴影块。

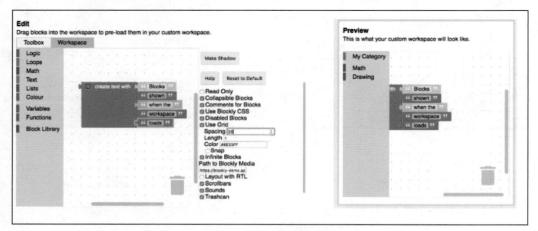

图 7-25　将预加载块添加到工作区

（6）导出

工作区工厂提供如图 7-26 所示的 Export（导出）选项。

- Starter Code：生成 HTML 和 JavaScript 脚本以注入用户的自定义 Blockly 工作区。
- Toolbox：生成 XML 以指定工具箱。
- Workspace Blocks：生成可以加载到工作区中的 XML。

（7）更多信息

更多创建自定义块的信息，可参考 Google Blockly：https://developers.google.com/blockly/guides/create-custom-blocks/overview。

图 7-26　导出选项

7.2　二次开发案例——Simple Blockly

其实从 Github 上下载的 blockly-master 中的很多文件并不是必不可少的。下面通过 Simple Blockly 案例梳理 Blockly 的文件目录，实现精简版的 Blockly。

7.2.1　准备工作

1）HTML 知识准备。

首先需要了解一些 HTML 的基础知识，比如最小的 HTML 文档：

```
1.   <!DOCTYPE>                        // 定义文档的类型
2.   <html>                           // 定义一个 HTML 文档
3.   <head>                           // 定义关于文档的信息
4.       <meta charset="utf-8">       // 对于中文网页，声明编码，否则会出现乱码
5.       <title> 文档标题 </title>      // 定义文档的标题
6.   </head>
7.
8.   <body>                           // 定义文档的主体
9.       文档内容……
10.  </body>
11.  </html>
```

除了上述最小 HTML 文档中包含的内容，我们会用到还有 Script 标签，定义客户端脚本：

```
1.   <script src="helloworld.js"></script>
2.       Link 标签，链接样式表
3.   <link rel="stylesheet" type="text/css" href="theme.css">
```

根据上述内容，完成下面的小案例，要求：

- 在最小 HTML 文档的基础上，显示 HelloWorld。
- 通过内部 JavaScript 脚本控制弹框输出 HelloWorld。
- 通过外部 JavaScript 脚本控制弹框输出 HelloWorld。

```
1.   /** 示例代码 **/
2.   <!DOCTYPE>
3.   <html>
4.   <head>
```

```
5.  <meta charset="UTF-8">
6.  <title>HelloWorld</title>
7.  <!--<script>
8.   alert("Hello World!");
9.  </script>-->
10. <script src="alert_helloworld.js"></script>
11. </head>
12. <body>
13.  Hello World!
14. </body>
15. </html>
```

2）下载 blockly-master 文件，留作备用。

7.2.2 动手实践

（1）新建文件目录

新建一个文件夹，重命名为 SimpleBlockly，并在文件夹中新建 css、js 两个子文件夹，将 blockly-master/Demos/Code 中的 index.html 复制到 SimpleBlockly 根目录下，如图 7-27 所示。

名称	修改日期	类型	大小
css	2018/5/23 14:41	文件夹	
js	2018/5/23 14:42	文件夹	
index.html	2018/3/10 5:55	Chrome HTML D...	12 KB

图 7-27　index 文件

（2）导入、调整文件

使用 Notepad++ 打开 index.html 文件，修改 head 部分的内容，并将 head 部分涉及的内容从 blockly-master 中复制添加到 Simple Blockly 中的 css 和 js 文件夹中。

- 将 title 修改为 Simple Blockly。
- 将 blockly-master/demos/code 文件中的 style.css 文件移至 css 文件夹中，并将 href 引号中对应的字符串改为 "css/style.css"。
- 将 storage.js 直接删除即可，它和 Google 的 Cloud Storage 有关，案例中不会

涉及这部分功能。

- 将 blockly-mater 文件中的 blockly_compressed.js 文件移至 js 文件夹中，并将 src 引号中对应的字符串改为 "js/blockly_compressed.js"。
- 将 blockly-mater 文件中的 blockls_compressed.js 文件移至 js 文件夹中，并将 src 引号中对应的字符串改为 "js/blockls_compressed.js"。
- 将 blockly-mater 文件中的 javascript_compressed.js 文件移至 js 文件夹中，并将 src 引号中对应的字符串改为 "js/javascript_compressed.js"。
- 将 blockly-mater 文件中的 python_compressed.js 文件移至 js 文件夹中，并将 src 引号中对应的字符串改为 "js/python_compressed.js"。
- 将 blockly-mater 文件中的 php_compressed.js 文件移至 js 文件夹中，并将 src 引号中对应的字符串改为 "js/php_compressed.js"。
- 将 blockly-mater 文件中的 lua_compressed.js 文件移至 js 文件夹中，并将 src 引号中对应的字符串改为 "js/lua_compressed.js"。
- 将 blockly-mater 文件中的 dart_compressed.js 文件移至 js 文件夹中，并将 src 引号中对应的字符串改为 "js/dart_compressed.js"。
- 将 blockly-master/demos/code 文件中的 code.js 文件移至 js 文件夹中，并将 src 引号中对应的字符串改为 "js/code.js"。

👆 小提示

此步骤的目的是将 Blockly 相关文件的位置进行调整，并且修改 HTML 文件部分代码，让其能指向对应文件；找文件的一个技巧：".."代表返回父文件目录，如果文件前没有内容，就表明和 HTML 文件在同一文件夹下。

上述操作完成之后，保存 HTML 文件，并在浏览器中打开。

如图 7-28 所示，可以直观地看出 Toolbox 并未显示出来。文件明明已经导入并调整好了，为什么还会出现这种情况？我们可以借助 Chrome 浏览器的"检查"功能查看出现问题的原因，如图 7-29 所示。

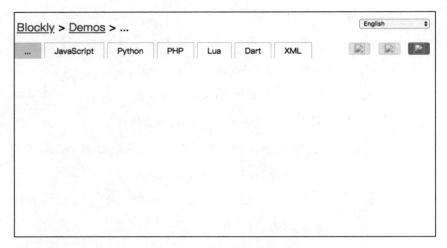

图 7-28　Toolbox 未显示

图 7-29　报错

仔细查看这些错误，发现除了 media 文件相关的错误之外，出现频率较高的就是 msg 相关的错误。

msg 文件这么重要吗？它有什么功能？

msg 文件可以分为两部分，一部分是 blocks 的 msg 文件，负责 blocks 语言的转换；另一部分是 category 的 msg 文件，负责 category 语言的转换。

如何解决这种问题？

- 方案 1：分别导入 blocks 和 category 的 en.js 文件（可分别添加，然后刷新两个文件对界面的影响）；界面转换成中文（两个 zh-hans.js 文件导入）。
- 方案 2：通过方案 1 可以实现基本功能，达到预期的效果，不过语言转换功能就失效了；如果需要完整的功能，就要通过 code.js 文件修改，直接调整 msg 文件指向的路径：

```
1.   /** 在修改 code 之前，需要了解一个基础知识 **/
2.   document.write("test");
3.   /** 可以在 demo2-1 中进行测试，不过要区分与 code.js 中代码的细微区别 **/
```

先将根目录下的 msg 文件和 code 目录下的 msg 文件分别复制到 SimpleBlockly/msg 文件中，为方便区分，分别重命名为 blocks-msg 和 category-msg，然后修改 code.js 中的代码指向这些文件。刷新网页，即可正常工作。

```
1.   // Load the Code demo's language strings.
2.   document.write('<script src="msg/category-msg/' + Code.LANG +
'.js"></script>\n');
3.   // Load Blockly's language strings.
4.   document.write('<script src="msg/blocks-msg/' + Code.LANG + '.js"></
script>\n');
```

（3）媒体文件的导入

通过查看 Chrome 的 Console，发现 media 文件缺失，导致界面有裂图。所以将 media 文件复制到 SimpleBlockly 文件的目录中，然后修改 HTML 和 code.js 文件中的 media 对应路径即可。

👆 **小提示**

code.js 文件中的 media 文件对应第 420 行。

至此，Simple Blockly 就完成了。

7.3　Blocks 二次开发中的代码

在开始本案例之前，先通过下面的例子巩固一下 Blockly Developer Tools 的使用。实现如图 7-30 所示代码块的设计。

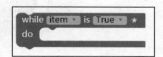

图 7-30　while 模块

参考答案如图 7-31 所示。

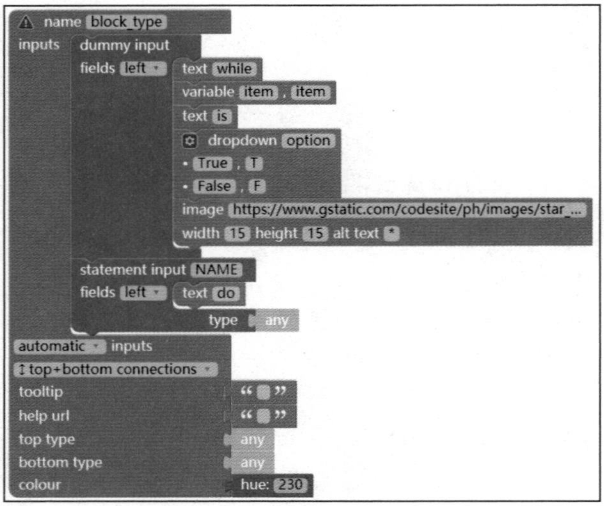

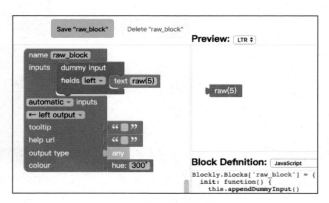

图 7-31　参考答案

7.3.1　Plane 中 raw 块的模拟

（1）块的设计

在 Block Factory 中设计 raw 代码块的外观，完成设计后单击 Save "raw_block"
按钮，将新建块保存到 Blocks Library 中，如图 7-32 所示。如果之前单击过此按钮，
它就会显示为 Update "raw_block"。

图 7-32　设计界面

（2）块的代码导出

选择 Block Exporter 选项卡，再选中 raw_
block 复选框，如图 7-33 所示。

修改界面中间部分的 Export Settings 属性，
如图 7-34 所示。

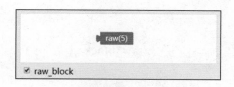

图 7-33　选中 raw_block 复选框

- 选中 Block Definition(s) 和 Generator Stub(s)
  复选框。
- 将二者的 Format 属性（语言格式）都设
  置为 JavaScript。
- 在 File Name 中设置文件名，以便辨认和引
  用。设置时建议采用块名（raw_block）+ b/g
  的形式，例如 raw_block_b 和 raw_block_g。

属性修改完成后，单击 Export 按钮即可对部
分代码进行下载。导出的代码分两部分，一部分
是 Block Definition 代码，另一部分是 Generator
Stub 代码。

图 7-34　Export Settings

👆 **小提示**

（1）Block Definition 代码

此部分代码负责控制新建块（raw_block）的外观，包括样式、颜色等，最终
放在 blocks 文件夹中。

（2）Generator Stub 代码

此部分代码负责控制新建块（raw_block）的代码转换，最终放在
generators 的对应子文件夹中。

（3）HTML 文件的修改

完成块的代码设计与导出之后，需要将其导入 HTML 文件中，以呈现给用户。

1）导入 raw_block_b 文件：

```
<script src="../../blocks/raw_block_b.js"></script>
```

2）导入 raw_block_g 文件：

```
<script src="../../generators/javascript/raw_block_g.js"></script>
```

3）导入 raw_block_g 块：

```
<block type="raw_block"></block>
```

完成之后保存 HTML 文件，并在浏览器中打开，即可看到所创建的块 raw(5)，如图 7-35 所示。

图 7-35　raw 的使用

👆 **小提示**

- 直接导出的文件将放到指定的文件夹下并导入 HTML 文件中，可以直接使用；不过保险起见，最好类比其他 blocks 和 generators 中的文件，在文件顶部加上相应的"头"文件。如下所示是在 raw_block_b 中添加的代码：

```
1.  'use strict';
2.  goog.provide('Blockly.Blocks.repeat_times');  // Deprecated
3.  goog.provide('Blockly.Constants.repeat_times');
4.  goog.require('Blockly.Blocks');
5.  goog.require('Blockly');
```

- 在修改 HTML 文件的过程中，应注意 raw_block_b、raw_block_g 和 raw_block 插入的位置和顺序，这会影响显示效果，可自行探索尝试。

7.3.2　print_py 块的设计

（1）块的设计

如图 7-36 所示，在 Block Factory 中设计 print_py 代码块的外观，完成设计后单击 Save "print_py" 或 Update "print_by" 按钮，将新建的块保存到 Blocks Library 中。

（2）块的代码导出

选择 Block Exporter 选项卡，并选中 print_py 复选框，如图 7-37 所示。

修改界面的 Export Settings 属性，如图 7-38 所示。

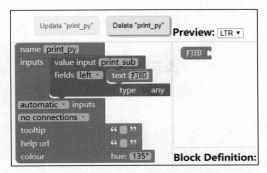

图 7-36　打印模块设计

图 7-37　打印模块

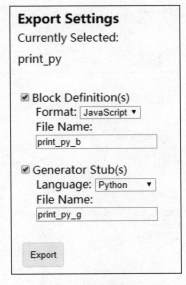

图 7-38　Export Settings

- 选中 Block Definition(s) 和 Generator Stub(s) 复选框。
- 设置二者的 Format 属性（语言格式），前者设置为 JavaScript，后者设置为 Python。
- 在 File Name 文本框中命名文件，以便辨认和引用。命名文件时建议采用块名（print_py）+ b/g 的形式，例如命名为 print_py_b 和 print_py_g。

修改属性之后，单击 Export 按钮即可对部分代码进行下载，导出 Block Definition 代码和 Generator Stub 代码。

（3）HTML 文件的修改

1）导入 print_py_b 文件：

```
<script src="../../blocks/print_py_b.js"></script>
```

2）导入 print_py_g 文件：

```
<script src="../../generators/python/print_py_g.js"></script>
```

3）导入 print_py 块：

```
<block type="print_py"></block>
```

完成之后保存 HTML 文件，并在浏览器中打开，即可看到所创建的块"打印"了，如图 7-39 所示。

图 7-39　打印

（4）优化改进

完成前 3 步之后，功能已基本实现，现在解决 3 个小问题来对 prin_py 块进行优化。

- print_py 代码是否可以与 raw 代码整合到一个文件中？如果可以，为什么？
- 如何以与 print 块类似的方式为 print_py 块加上默认阴影？

```
1.  <block type="print_py">
2.  <value name="print_sub">      // value 的 name 为块设计中的 value input 的 name
3.  <shadow type="text">
4.      <field name="TEXT">Test</field>
5.  </shadow>
6.  </value>
7.  </block>
```

- 完善 print_py 块的其他几种语言的转换功能。

7.3.3 repeat_do 块的复现

（1）代码块设计

在 Block Factory 中设计 repeat_do 代码块的外观，完成设计后单击 Save "repeat_do"按钮，将新建块保存到 Blocks Library 中，如图 7-40 所示。

（2）块的代码导出

可以选择与前两个 demo 中一样的方法，直接导出代码块对应的代码，不过这里为了方便，直接使用了 raw_block 的 js 文件，复制 repeat_do 的两部分代码，分别粘贴到 raw-block-b.js 和 raw-block-g.js 文件中，保存即可。

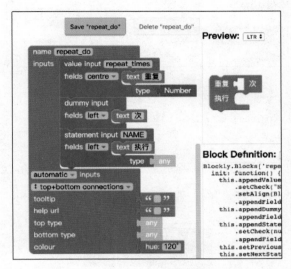

图 7-40　设计并保存 repeat_do 块

（3）HTML 文件的修改

在完成块的代码设计与导出之后，需要将其导入 HTML 文件中，以呈现给用户。

1）raw_block_b 和 raw_block_g 文件已导入，无须重复导入：

```
1.  <script src="../../blocks/raw_block_b.js"></script>
2.  <script src="../../generators/javascript/raw_block_g.js"></script>
```

2）导入 repeat_do 代码块，并加上默认阴影：

```
1.   <block type="repeat_do">
2.  <value name="repeat_times">
3.  <shadow type="math_number">
4.     <field name="NUM">10</field>
5.  </shadow>
6.  </value>
7.  </block>
```

完成之后保存 HTML 文件，并在浏览器中打开，即可看到所创建的 repeat_do 代码块，如图 7-41 所示。

图 7-41　repeat_do 代码块

是不是已经分辨不出哪个块是你自己创建的了？

（4）代码转换功能完善

虽然从外观上已经很难分辨出哪个是我们自定义的 repeat_do 代码块，但是我们并没有给它添加实际的代码转换功能，如图 7-42 所示。

图 7-42　重复打印

一个 repeat_do 代码块会有两次"参数"的输入，一个是次数，一个是需要执行的语句，它们转换后的 JavaScript 代码应该为：

```
1.  for (var count = 0; count < 10; count++) {
2.      window.alert('abc');
3.  }
```

参照这个样式，进行 repeat_do 自定义块代码的设计：

```
1.  Blockly.JavaScript['repeat_do'] = function(block) {
2.      var value_repeat_times = Blockly.JavaScript.valueToCode(block,
'repeat_times',Blockly.JavaScript.ORDER_ATOMIC);
3.      var statements_repeat_statement = Blockly.JavaScript.statementToCode
(block, 'repeat_statement');
4.      // TODO: Assemble JavaScript into code variable.
5.      var code = 'for(var count=0;count<' + value_repeat_times + ';count++)
{\n ' + statements_repeat_statement + '}\n';
6.      return code;
7.  };
```

至此，repeat_do 代码块完成！

7.4　二次开发案例——拼图游戏的制作

7.4.1　Simple Blockly

在正式开始之前，先做一个小案例热热身，这也是谷歌官网中的一个小案例，如图 7-43 所示。可能因为是英文的，大家没有留意，下面就带大家动手操作一下。

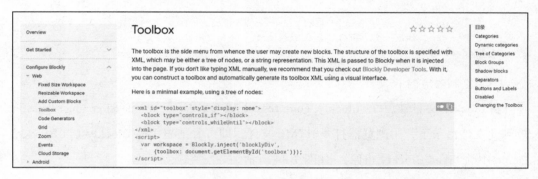

图 7-43　Simple Blockly 案例

1. 超精简 Blockly

（1）新建 HTML 文件

新建文件夹，并在文件夹中新建 index.html 文件，并在 HTML 文件中编写之前提到的"最简"HTML 代码：

```
1.  <!DOCTYPE>
2.  <html>
3.  <head>
4.      <meta charset="UTF-8">
5.      <title>SSimple Blockly</title>
6.  </head>
7.  <body>
8.  </body>
9.  </html>
```

（2）修改 HTML 文件

在上一步的 HTML 代码中添加新的控制代码：

```
1.  /* 添加到 head 中 */
```

```
2.  <script src="blockly_compressed.js"></script>
3.  <script src="blocks_compressed.js"></script>
4.  <script src="messages.js"></script>
5.
6.  /* 添加到 body 中 */
7.  <div id="blocklyDiv"></div>
8.  <xml id="toolbox" style="display: none">
9.      <block type="controls_if"></block>
10.     <block type="controls_whileUntil"></block>
11. </xml>
12. <script>
13.     var workspace = Blockly.inject('blocklyDiv',
14.         {toolbox: document.getElementById('toolbox')});
15. </script>
```

（3）复制对应的 js 文件

将 blockly 文件夹中的 blockly_compressed.js、blocks_compressed.js、messages.js 放到此文件目录下，用浏览器打开 HTML 文件，即可看到超精简 Blockly（与 Blockly Demo 中的 Fixed Blockly 很像），如图 7-44 所示。

图 7-44　超精简 Blockly

当然，这里的 Blockly 只添加了 blocks，没有添加 category，大家可以自己动手添加。

思考：为什么这里没有导入 blocks 的 msg 文件可以正常显示？

2. 较完整的 Blockly

前面我们用到了 Blockly Developer Tools，但只是用它来设计块，并未过多涉及 Workspace Factory，这个较完整的 Blockly 示例就是教大家用 Workspace Factory 定义 Blockly。Workspace Factory 界面如图 7-45 所示。

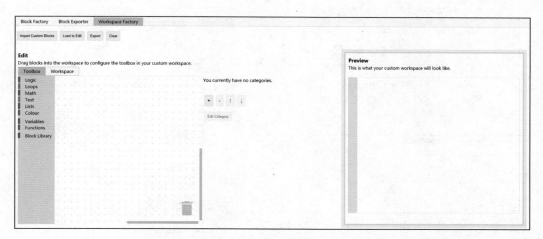

图 7-45　Workspace Factory 界面

（1）定义 Toolbox

当选择 Toolbox 选项卡时，可以通过其中的"+"和"-"按钮添加或删除 Toolbox 中的类或块，如图 7-46 所示。

- New Category，选择后在弹出的对话框中输入类名，创建全新的类，如图 7-47 所示。
- Standard Category，选择后在弹出的对话框中输入标准类的类名，将直接添加整个类，如图 7-48 所示。
- Separator，用于在类与类之间新建一个分界线。
- Standard Toolbox，用于添加完整的 Toolbox 到工作区。

图 7-46　"+"选项

（2）定义 Workspace

当选中 Workspace 选项卡时，界面看起来和 Toolbox 没什么区别，如图 7-49 所示，不过此时从左侧 Toolbox 中拖曳到工作区的代码块都将默认显示在工作区中，就像 Plane 游戏中的 seat 块一样，而且可以通过中部的选项定义工作区的样式，确定是否添加 Zoom、Grid、Scrollbars 等。

图 7-47　New Category

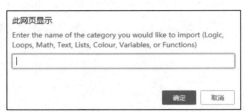

图 7-48　Standard Category

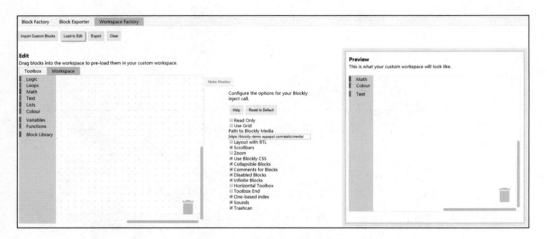

图 7-49　Worksapce 界面

（3）导出文件

完成前两步之后，单击 Export 按钮，选择要导出的文件，如图 7-50 所示。这里我们选择 All。

（4）新建 HTML

如"超精简 Blockly"案例一样，先创建"最简"HTML代码：

```
1.  <!DOCTYPE>
```

图 7-50　Export 选项

```
2.  <html>
3.  <head>
4.      <meta charset="UTF-8">
5.      <title>SSimple Blockly2</title>
6.  </head>
7.  <body>
8.  </body>
9.  </html>
```

打开步骤（3）中导出的 workspace.xml 代码，将其复制到 body 中：

```
1.  <xml xmlns="http:// www.w3.org/1999/xhtml" id="workspaceBlocks"
style="display:none">
2.      <variables></variables>
3.  </xml>
```

打开步骤（3）中导出的 toolbox.xml 代码，将其复制到 body 中，并将 workspace.js
文件复制到 HIML 文件所在目录下，用编辑器打开：

```
1.  /* TODO: Change toolbox XML ID if necessary. Can export toolbox XML
from Workspace Factory. */
2.  var toolbox = document.getElementById("toolbox");
3.
4.  var options = {
5.      toolbox : toolbox,
6.      collapse : true,
7.      comments : true,
8.      disable : true,
9.      maxBlocks : Infinity,
10.     trashcan : true,
11.     horizontalLayout : false,
12.     toolboxPosition : 'start',
13.     css : true,
14.     media : 'https:// blockly-demo.appspot.com/static/media/',
15.     rtl : false,
16.     scrollbars : true,
17.     sounds : true,
18.     oneBasedIndex : true
19. };
20.
21. /* Inject your workspace */
22. var workspace = Blockly.inject(/* TODO: Add ID of div to inject
Blockly into */, options);
23.
24. /* Load Workspace Blocks from XML to workspace. Remove all code below
if no blocks to load */
```

```
25.
26. /* TODO: Change workspace blocks XML ID if necessary. Can export
workspace blocks XML from
27. Workspace Factory. */
28. var workspaceBlocks = document.getElementById("workspaceBlocks");
29.
30. /* Load blocks to workspace. */
31. Blockly.Xml.domToWorkspace(workspaceBlocks, workspace);
```

在 worspace.js 代码中，只需要修改如下代码：

```
1.   -------- 修改前 --------
2.   /* Inject your workspace */
3.   var workspace = Blockly.inject(/* TODO: Add ID of div to inject
Blockly into */, options);
4.   -------- 修改为 --------
5.   /* Inject your workspace */
6.   var workspace = Blockly.inject("blocklyDiv", options);
```

修改完成之后，在 body 底部添加如下代码：

```
<script src="workspace.js"></script>
```

注意，如果将 workspace.js 文件插入 head 中，可能无法显示。

以上步骤都完成之后，用浏览器打开 HTML 文件，即可看到设计的 Blockly 界面，

如图 7-51 所示。

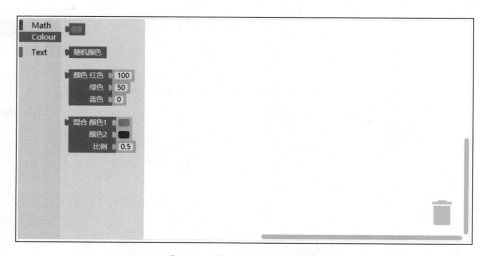

图 7-51 定义的 Blockly 界面

7.4.2　制作拼图游戏

下面我们尝试制作拼图游戏，如图 7-52 所示。

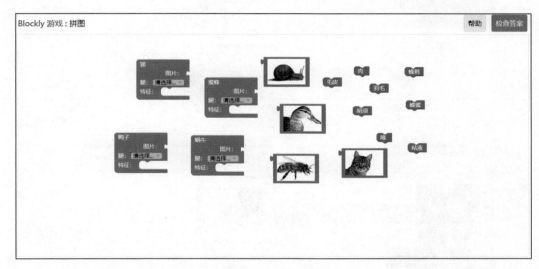

图 7-52　拼图游戏

1. 新建代码块

使用 Blockly Developer Tools 新建拼图所涉及的代码块，如图 7-53～图 7-57 所示。

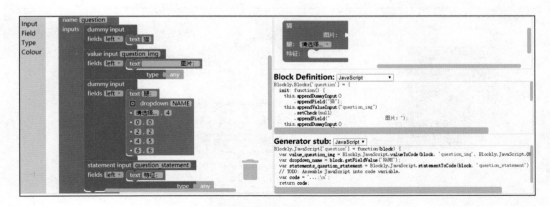

图 7-53　拼图模块 1

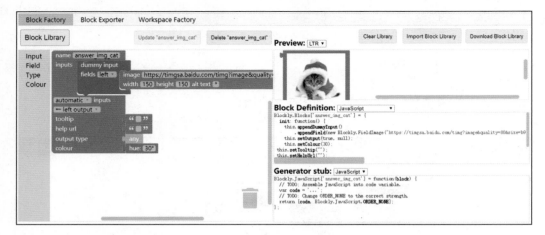

图 7-54　拼图模块 2

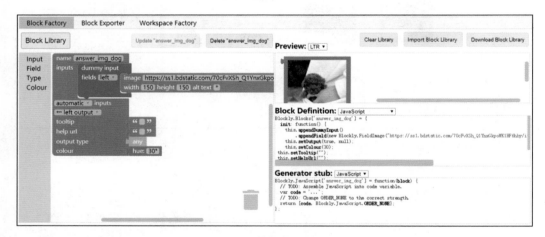

图 7-55　拼图模块 3

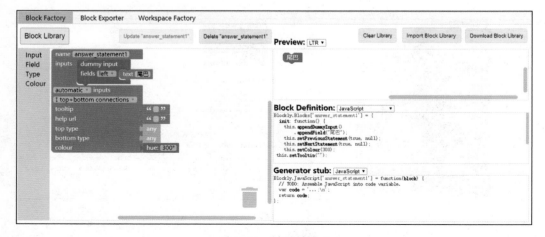

图 7-56　拼图模块 4

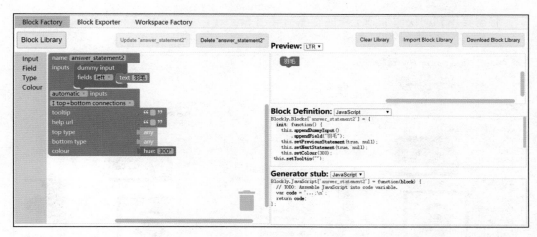

图 7-57 拼图模块 5

2. 导出代码块

选择 Block Exporter 选项卡，全选所有代码块，选中 Block Definition(s) 和 Generator Stub(s) 复选框，并分别定义文件名，单击 Export 按钮，即可将所有块的定义代码导入 puzzle_b.js 文件夹中，将所有块的生成代码导入 puzzle_g.js 文件夹中，如图 7-58 所示。

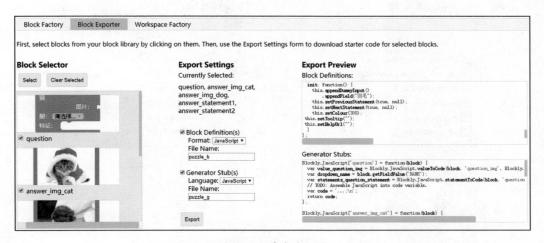

图 7-58 导出代码块

3. 导出工作区

拼图案例不涉及 Toolbox 工具箱，所以这里直接定义工作区即可。如图 7-59 所示，将需要用到的块添加到工作区，然后导出 Starter Code 和 Workspace Blocks 文件。

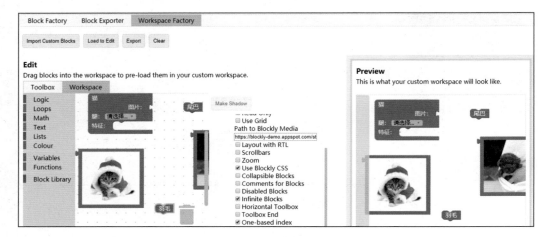

图 7-59　设置并导出工作区

4. 文件的整理

新建文件夹，并将步骤 2 和步骤 3 中导出的文件全部复制到新建的文件夹中，将
blockly_compressed.js 和 javascript.js 文件也复制到新建的文件夹中，如图 7-60 所示。

blockly_compressed.js	2018/3/10 5:55	JavaScript 文件	717 KB
javascript_compressed.js	2018/3/10 5:55	JavaScript 文件	46 KB
puzzle.html	2018/5/25 21:22	Chrome HTML D...	1 KB
puzzle_b.js	2018/5/25 20:31	JavaScript 文件	2 KB
puzzle_g.js	2018/5/25 20:31	JavaScript 文件	2 KB
workspace.js	2018/5/25 20:33	JavaScript 文件	1 KB

图 7-60　js 文件整理

导入 js 文件：

```
1.  <script src="blockly_compressed.js"></script>
2.  <script src="puzzle_b.js"></script>
3.  <script src="javascript_compressed.js"></script>
4.  <script src="puzzle_g.js"></script>
```

将 Workspace 中的 XML 文件插入 body 标签中，修改导出的 workspace.js 中的代码：

```
1.   /* Inject your workspace */
2.   var workspace = Blockly.inject('blockDiv', options);
```

完成以上步骤之后，保存所有文件，并用浏览器打开 HTML 文件，在浏览器中查
看是否创建成功，如图 7-61 所示。

图 7-61　拼图界面成功加载

5. 设计"检查答案"按钮

（1）添加按钮

在 body 中添加"检查答案"按钮：

```
<button id="check_button">检查答案</button>
```

（2）设计生成代码

为每个块设置返回代码，这里为了方便匹配和判断，选取简单的数字作为返回值：

```
1.   Blockly.JavaScript['question'] = function(block) {
2.     var value_question_img = Blockly.JavaScript.valueToCode(block,
'question_img', Blockly.JavaScript.ORDER_ATOMIC);
3.     var dropdown_leg_number = block.getFieldValue('leg_number');
4.     var statements_question_statement = Blockly.JavaScript.
statementToCode(block, 'question_statement');
5.     // TODO: Assemble JavaScript into code variable.
6.     var code = (value_question_img=="(#cat)" && dropdown_leg_
number=="4" && statements_question_statement==21 );
```

```
7.    if(code){
8.        return "yes";
9.    }else{
10.       return "no";
11.   }
12. };
13.
14. Blockly.JavaScript['answer_img_cat'] = function(block) {
15.   // TODO: Assemble JavaScript into code variable.
16.   var code = '#cat';
17.   // TODO: Change ORDER_NONE to the correct strength.
18.   return [code, Blockly.JavaScript.ORDER_NONE];
19. };
20.
21. Blockly.JavaScript['answer_img_dog'] = function(block) {
22.   // TODO: Assemble JavaScript into code variable.
23.   var code = '#dog';
24.   // TODO: Change ORDER_NONE to the correct strength.
25.   return [code, Blockly.JavaScript.ORDER_NONE];
26. };
27.
28. Blockly.JavaScript['answer_statement1'] = function(block) {
29.   // TODO: Assemble JavaScript into code variable.
30.   var code = '';
31.   code = '21';
32.   return code;
33. };
34.
35. Blockly.JavaScript['answer_statement2'] = function(block) {
36.   // TODO: Assemble JavaScript into code variable.
37.   var code = '22';
38.   return code;
39. };
```

在 workspace.js 文件中添加对应的 button 控制代码：

```
1.    /* 创建点击函数 */
2.  function button_click(){
3.      var code = Blockly.JavaScript.workspaceToCode(workspace);
4.      console.log(code);
5.      console.log("----" + code.match("no"))
6.      if(code.match("no")== null){
7.          alert("恭喜你，全对！");
8.      }else{
9.          alert("别灰心，继续加油！");
10.     }
11. }
12.
```

```
13. /* 添加点击事件监听 */
14. document.getElementById("check_button").addEventListener("click",
button_click);
```

修改完成之后，保存所有代码，用浏览器打开 HTML 文件进行测试，如图 7-62
和图 7-63 所示。

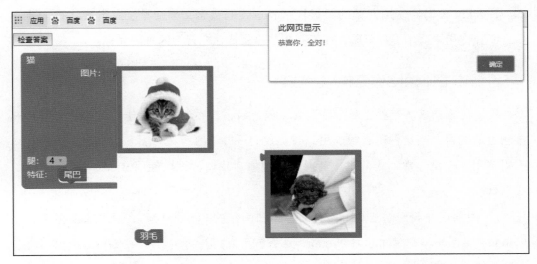

图 7-62　恭喜你，全对

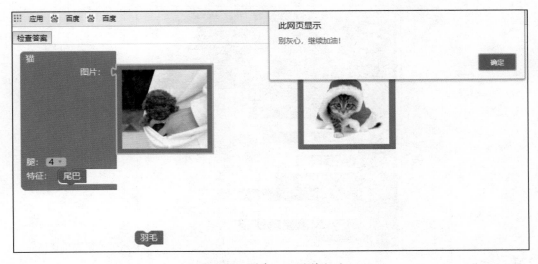

图 7-63　别灰心，继续加油

7.5　Blockly 的高级应用

在之前的学习中，我们使用 Blockly 学习了一些基础程序设计中的经典例子，并通过 Blockly 的可视化代码编辑器进行了编程的实践练习，但这并不是设计 Blockly 的初衷。Blockly 是一个库，它为 Web 和 Android 应用程序添加了一个可视化代码编辑器，Blockly 编辑器使用互锁的图形块来表示代码概念，如变量、逻辑表达式、循环等，它允许用户应用编程原则，而不必担心语法或命令行上闪烁的光标。

7.5.1　将 Blockly 作为代码生成器

我们很难精通甚至熟悉每一种语言，但有时候，在学习、工作中又可能会用到未接触过的语言，当这种语言很少用到时，我们可能不愿意花时间和精力去学习，但又不得不用，于是经常陷入两难。针对这一现象，我们就可以使用 Blockly 作为代码生成工具。

1）假如现在我们需要写一段判断平年和闰年的 Python 代码，但之前没有接触过 Python，又不想再花时间学习 Python，那么就可以打开 Blockly，在编辑区拖动模块来编写程序，如图 7-64 所示。

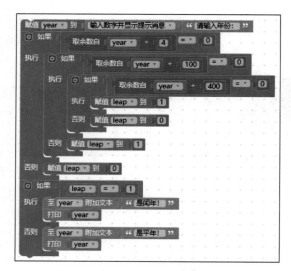

图 7-64　用 Blockly 判断闰年的代码

拖动完成，验证无误，选择 Python 选项卡，复制代码至 Python 环境中，即可直接运行，如图 7-65 所示。

```
File  Edit  Format  Run  Options  Window  Help
year = None
leap = None
_E9_A1_B9_E7_9B_AE = None

def text_prompt(msg):
  try:
    return raw_input(msg)
  except NameError:
    return input(msg)


year = int(text_prompt('请输入年份：'))
if year % 4 == 0:
  if year % 100 == 0:
    if year % 400 == 0:
      leap = 1
    else:
      leap = 0
  else:
    leap = 1
else:
  leap = 0
if leap == 1:
  year = str(year) + str('是闰年！')
  print(year)
else:
  year = str(year) + str('是平年！')
  print(year)




                                                          Ln: 10  Col: 0
```

图 7-65　判断平年和闰年的 Python 代码

Python 环境中的运行结果如图 7-66 所示。

```
================== RESTART: E:/Document/Code/python/year.py ==================
请输入年份：2018
2018是平年！
>>>
```

图 7-66　Python 运行结果

2）假如现在需要一个 JavaScript 的执行脚本，我们对 JavaScript 也有所了解，就可以尝试在 Blockly 中进行编程开发，比如写一个猜数字的小游戏，如图 7-67 所示。

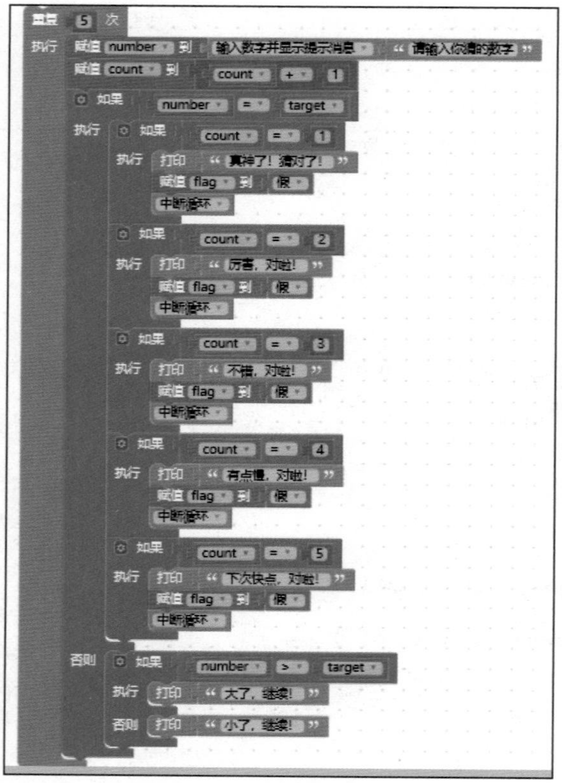

图 7-67　Blockly 猜数字游戏程序主体部分

图 7-67 中给出了程序的主体部分，包括循环、提示和中断。如图 7-68 所示则为程序变量赋值部分。

在写程序之前，先创建了 3 个变量并进行了初始化：

- 步长：用于计数，针对猜的次数进行不同的提示。
- Target：存放随机生成的目标数，与所猜测数字 Number 进行比较。
- Flag：开关变量，用于标记是否猜对，从而决定是否提示如图 7-69 所示的内容。

图 7-68　Blockly 猜数字游戏程序变量赋值部分　图 7-69　Blockly 猜数字游戏程序验证部分

同样，验证无误后，选择 JavaScript 选项卡，复制 js 代码并保存，如图 7-70
所示。

```
var number, count, target, flag;

function mathRandomInt(a, b) {
  if (a > b) {
    // Swap a and b to ensure a is smaller.
    var c = a;
    a = b;
    b = c;
  }
  return Math.floor(Math.random() * (b - a + 1) + a);
}
```

```
count = 0;
flag = true;
target = mathRandomInt(1, 30);
for (var count2 = 0; count2 < 5; count2++) {
  number = window.prompt('请输入你猜的数字');
  count = count + 1;
  if (number == target) {
    if (count == 1) {
      window.alert('真神了！猜对了！');
      flag = false;
      break;
    }
    if (count == 2) {
      window.alert('厉害，对啦！');
      flag = false;
      break;
    }
    if (count == 3) {
      window.alert('不错，对啦！');
      flag = false;
      break;
    }
    if (count == 4) {
      window.alert('有点慢，对啦！');
      flag = false;
      break;
    }
    if (count == 5) {
      window.alert('下次快点，对啦！');
      flag = false;
      break;
    }
  } else {
```

```
    if (number > target) {
      window.alert('大了，继续！');
    } else {
      window.alert('小了，继续！');
    }
  }
}
if (flag) {
  window.alert('游戏失败，重新开始吧！');
}
```

图 7-70　Blockly 猜数字游戏 js 代码

将保存后的 js 代码导入 HTML 文件中测试，如图 7-71 所示。

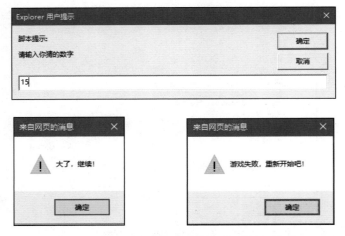

图 7-71　Blockly 猜数字游戏 js 代码运行结果

当然，也可以导出 Python 代码，同样可以执行，如图 7-72 所示。

```
请输入你猜的数字12
大了，继续！
请输入你猜的数字23
大了，继续！
请输入你猜的数字123
大了，继续！
请输入你猜的数字1
有点慢，对啦！
>>> |
```

图 7-72　Blockly 猜数字游戏 Python 代码运行结果

👆 小提示

　　Python 代码的导出执行，当程序涉及输入且输入的是数字时，需要使用 int()
函数将输入的字符串型"数字"强制转换成整型：

```
#Blockly 生成
Number = text_prompt('请输入你猜的数字')
# 修改加入强制类型转换后
Number = int(text_prompt('请输入你猜的数字'))
```

　　如果不进行强制类型转换，执行脚本时可能会报错，即使不报错，结果也可能
不正确。但这一问题在 JavaScript 导出代码中不存在，兼容性良好。

> 👆 **小提示**
>
> 　　对于 JavaScript 代码的测试，可以导入 HTML 中，在浏览器中执行，测试效果与 Blockly 中效果相同。HTML 代码如下：
>
> ```
> <!DOCTYPE html>
> <html lang = "en">
> <head>
>         <meat charset="UTF-8">
>         <title> 猜数字 </title>
> </head>
> <body>
>         <script src="GuessNumberGame.js">
>         </script>
> </body>
> </html>
> ```
>
> 　　本条小提示专门针对没有 JavaScript 基础，但是对 Blockly 代码生成工具感兴趣、想亲手验证的读者。

　　关于 Blockly 作为代码生成工具的使用，这里只举了两个基础的、有代表性的例子，如果你学有余力或者对所生成的目标代码十分熟悉，可以自行尝试更加有趣、更加复杂的例子；如果你觉得这并不能满足你的需求，也可以尝试自己动手定义想要的块以及生成代码的格式、类型。

7.5.2　Blockly 的二次开发

　　随着 Blockly 的逐渐完善，它被越来越多的人熟知，同时，凭借其可视化编程、良好的可扩展性等特点，很多开发者利用 Blockly 进行二次开发，因此衍生出许多优秀的产品和工具，如图 7-73 所示。

　　前面曾提到过，Blockly 是针对开发人员设计的，它是一个面向有经验的开发人员的复杂库。从用户的角度来看，Blockly 是一种直观的、可视化的构建代码的方法。从开发人员的角度来看，Blockly 本质上是一个包含正确语法、生成代码的文本框。Blockly 可以导出多种语言，例如 JavaScript、Python、PHP、Lua、Dart 等，下面是对

Blockly 进行二次开发的步骤：

1）集成块编辑器。Blockly 编辑器包括用于存储块类型的工具箱和用于排列块的工作空间。

2）创建应用程序的块。一旦你的应用程序中有 Blockly，就需要创建块供用户编码，然后将它们添加到 Blockly 工具箱。

3）构建应用程序的其余部分。Blockly 只是一种生成代码的方法，你的应用程序的核心在于如何处理该代码。

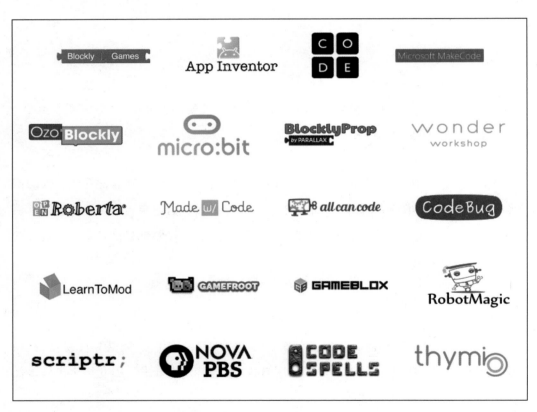

图 7-73　Blockly 衍生产品和工具

可能单纯的文字描述比较抽象，难以理解，下面以 FreDuino 为例，它是基于 Blockly 二次开发而成的一个远程硬件控制平台，如图 7-74 所示。

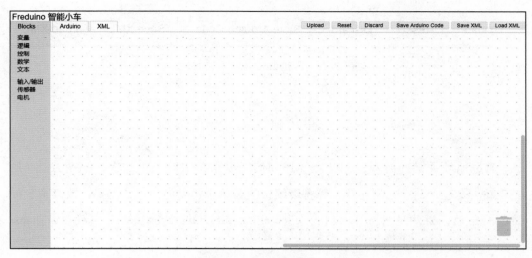

图 7-74　FreDuino 平台

下面通过以下 3 个步骤创建 FreDuino，实现对硬件外设的可视化控制。

1）集成块编辑器，在工具箱里增添与硬件外设进行交互的编码块，如图 7-75 所示。

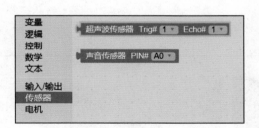

图 7-75　FreDuino 工具箱

2）创建应用程序块，实现 Blockly 块与硬件控制代码之间的转换，如图 7-76 所示。

图 7-76　FreDuino 创建应用程序块

3）在构建应用程序部分，通过与硬件外设建立通信实现代码的上传，进而完成与硬件的交互，如图 7-77 所示。

| Upload | Reset | Discard | Save Arduino Code | Save XML | Load XML |

图 7-77　FreDuino 构建应用程序

7.6　小试牛刀——游戏：池塘

通过池塘导师的游戏，你已经知道如何操纵角色击败一个敌人，池塘游戏（见图 7-78）是一个开放式的比赛，你将继续扮演黄色小鸭子的角色，需要击败其余 3 种颜色的角色，游戏地址如下：http://cooc-china.github.io/pages/blockly-games/zh-hans/pond-duck.html?lang=zh-hans。

游戏规则：

① 综合你学到的关于 Blockly 的知识以及你在池塘导师中学习到的新模块，拼接出正确的代码块。

② 击败其他 3 个角色，游戏结束，顺利通关。

图 7-79 中给出了一种答案。

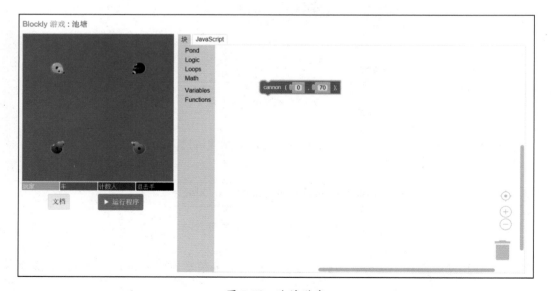

图 7-78　池塘游戏

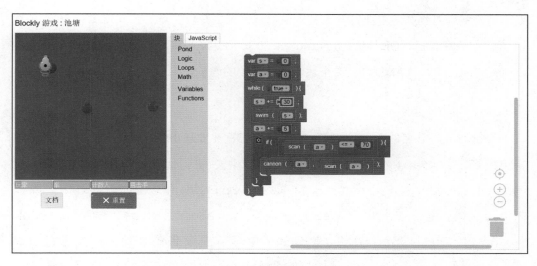

图 7-79　池塘游戏答案之一

7.7　本章练习

定义一个自己的工具块。

7.8　课外拓展

集成开发环境

集成开发环境（Integrated Development Environment，IDE）是用于提供程序开发环境的应用程序，一般包括代码编辑器、编译器、调试器和图形用户界面等工具，集成了代码编写功能、分析功能、编译功能、调试功能。所有具备这一特性的软件或者软件组都可以叫作集成开发环境，如微软的 Visual Studio 系列。

现在有大量免费开源的和商用的 IDE，这里为大家列出最常用的几款 IDE。

1. 微软 Visual Studio（VS）

VS 支持创建各种类型的程序，包括从桌面应用、Web 应用、移动 APP 到视频游戏。对于初学者到高级专业开发人员来说都是很棒的开发工具。它支持多达 36 种编程语言，如 ASP.NET、DHTML、JavaScript、JScript、Visual Basic、Visual C#、Visual C++、Visual F#、XAML 等，这个数量还在持续的增长。

2. Pycharm

PyCharm 是著名的 PythonIDE，由知名的 IDE 开发商 JetBrains 出品。除了支持最常用的 IDE 功能外，PyCharm 还对 Python Web 开发进行优化设计（Django、Flask、Pyramid、Web2Py）。PyCharm 也支持 Google App Engine 和 IronPython/Jupyter。除了 Python 之外，它还支持其他 Web 开发语言：JavaScript、Node.js、CoffeeScript、TypeScript、Dart、CSS、HTML。PyCharm 中可以安装各类插件，比如通过安装 VIM 插件就可以采用 VIM 的快捷键控制 PyCharm。此外，它还可以很容易地与 Git、Mercurial 和 SVN 等版本管理（VCS）工具集成。

3. Eclipse

Eclipse 是被广泛应用的免费开源的 Java 编辑器和 IDE。无论对于初学者还是专业人士，Eclipse 都适用。Eclipse 具有很好的插件机制，支持多种扩展和插件。也正是由于它强大的插件机制，使得 Eclipse 从一个 Java IDE 扩展到支持 C/C++、Java、PHP 以及更多语言的综合平台。